聪明人是怎样思考的

叶舟◎著

CONGMINGREN SHIZENYANG
SIKAO DE

立信会计出版社
LIXIN ACCOUNTING PUBLISHING HOUSE

图书在版编目（CIP）数据

聪明人是怎样思考的/叶舟著.——上海：立信会计出版社，2016.10
（去梯言）
ISBN 978-7-5429-5212-7

Ⅰ.①聪… Ⅱ.①叶… Ⅲ.①思维方法 Ⅳ.①B804

中国版本图书馆CIP数据核字(2016)第241909号

策划编辑　蔡伟莉
责任编辑　陈　昕
封面设计　久品轩

聪明人是怎样思考的
CONGMINGREN SHIZENYANG SIKAO DE

出版发行	立信会计出版社
地　　址	上海市中山西路2230号　邮政编码　200235
电　　话	（021）64411389　传　真　（021）64411325
网　　址	www.lixinaph.com　电子邮箱　lxaph@sh163.net
网上书店	www.shlx.net　电　话　（021）64411071
经　　销	各地新华书店
印　　刷	固安县保利达印务有限公司
开　　本	720毫米×1000毫米　1/16
印　　张	14.75　插　页　1
字　　数	163千字
版　　次	2016年10月第1版
印　　次	2018年7月第5次
书　　号	ISBN 978-7-5429-5212-7/B
定　　价	36.00元

如有印订差错，请与本社联系调换

前　言

　　心理学家马克斯韦尔·马尔茨曾说过这样一句话："所有人都是为成功而降临到这个世界上的，但是有的人成功了，有的人没有，那是因为每个人的思考方法不同。"

　　其实，思考并非难事，一个正常的人无时无刻不在思考，即使人在发呆的时候其大脑也在想一些事情；人即使在梦中，潜意识也在对白天接收到的信息进行整理和过滤，进行着大量的思考。虽然思考看起来是太平常不过的事，但是却很少有人关注自己在思考什么、思考结果怎么样、思考的方法都有哪些、自己是不是一个聪明的人。

　　英国心理学家、教育家托尼·布赞经研究得出这样的结论：聪明的秘密在于多动脑子。每个人，从出生到生命终止，大脑都在不断地学习。人脑是世界上最复杂的系统，它能在几百分之一秒内接收一个人脸的视觉映象。托尼·布赞指出："你的大脑就像一个沉睡的巨人……其复杂和美丽程度在世间万物中无与伦比。而我们每个人都有一个。"

　　人生在世，每个人都想成为聪明人，都想实现自己的人生价值。人们也时常羡慕那些考上知名学府的学子，认为凡是能考上知名大学，如英国牛津大学、剑桥大学的人肯定都是聪明人。那么，那些在名牌校园里漫步的聪明人，究竟与常人有哪些不同呢？其实，关键之处就在于他们拥有聪明人的思维方式。关于聪明人，没有统一的标准和定义，但聪明的人却都有着共同的特质，就是善于思考。

　　一个人的思维方式决定其办事方式，进而决定其事业成败，家庭是否幸福。无论你是一名领导者还是一名普通员工，只要你能以聪明人的思维方式思考,你的大脑就会越来越灵活,你的潜能就会得到充分的开发。

周恩来说:"世界上最聪明的人是最老实的人。"聪明人比别人更诚实,聪明人比别人更谦逊,聪明人比别人更团结,聪明人比别人更执着,聪明人比别人更勤奋,聪明人比别人更自信、更自尊、更自强、更自立……当然,聪明的人也更善于思考。

《聪明人是怎样思考的》将告诉你:如何运用聪明人的思维方式思考和解决问题;怎样用脑才能提高工作和学习效率;如何在竞争激烈的社会中脱颖而出、所向披靡;如何聪明地博弈以应对世界的千变万化……

本书不仅能让你了解大脑的神奇之处,更能让你掌握运用大脑思考的诀窍:大脑获得知识的 5 个途径、7 种智能的学习途径、常规学习的 7 个环节、18 条节约时间的原则,等等。这些都是聪明人必备的本领。

人的大脑就像一个沉睡的巨人,它具有无限潜能。你必须清楚这一事实:你的大脑才开发了不到 3%,甚至才开发了 0.1%,只要你善加利用、勤于思考,你完全可以成为聪明得超乎你的想象的那个人。

目 录

Chapter 01　谁是聪明人　/ 001

　　迅速发现规律　/ 002

　　思路清晰　/ 004

　　不做显而易见的蠢事　/ 006

　　智商测试与多元智能　/ 008

　　不易辨认的聪明人　/ 013

Chapter 02　聪明人为什么聪明　/ 016

　　怀疑，独立思考　/ 017

　　好奇心如猫　/ 019

　　快速纠错　/ 021

　　深度阅读　/ 022

　　深度思考　/ 025

　　1万小时定律　/ 028

　　成长型思维　/ 032

　　采取行动　/ 035

Chapter 03　聪明人是如何思考的　/ 038

理性思考的 4 个步骤　/ 039

把现象归纳为结论　/ 044

演绎思维法　/ 048

类比思维法　/ 050

逆向思维法　/ 052

突破定式思维　/ 053

思维技能训练　/ 058

Chapter 04　聪明人是如何解决问题的　/ 060

善于提出问题　/ 061

运用分析框架　/ 063

聪明人常用的分析框架　/ 065

运用系统思维　/ 068

头脑风暴，群体思考　/ 070

找到问题背后的问题　/ 073

Chapter 05　聪明人是如何记忆的　/ 075

从信息到记忆的 3 个步骤　/ 076

记得住，想得起　/ 078

"过目不忘"是训练出来的　/ 079

战胜遗忘的方法　/ 083

要思考，不要死记硬背　/ 085

重复是记忆的良策 / 087

当材料与自我相关时，记忆效果会更好 / 088

记在备忘录上也会忘记 / 091

动员的器官越多，记得越好 / 093

高效记忆的 7 个要诀 / 098

Chapter 06　聪明人是如何学习的 / 101

寻找适合你的学习类型 / 101

大脑获得知识的 5 个途径 / 103

7 种智能的学习途径 / 106

常规学习的 7 个环节 / 112

学会提问，大胆质疑 / 116

10 个改进阅读的技巧 / 119

10 种做读书笔记的方法 / 128

18 条节约时间的原则 / 132

Chapter 07　聪明人是如何工作的 / 139

立刻行动 / 139

学会分类 / 142

精力集中 / 144

迭代求完美 / 147

学会简化 / 149

善于授权 / 152

学会休息 /154

Chapter 08　聪明人是如何博弈的 /156

人际博弈：无处不在的游戏 /156

囚徒困境：出卖，还是合作 /158

智猪博弈：搭个便车最省力 /163

斗鸡博弈：狭路相逢勇者胜 /166

猎鹿博弈：从合作走向共赢 /171

协和谬误：放弃沉没的成本 /175

蛋糕博弈：讨价还价智慧大 /180

信息博弈：买的不如卖的精 /186

搏傻理论：别做最大的笨蛋 /191

Chapter 09　聪明地应对世界的变化 /197

换一个角度看问题 /197

勇于改变自己 /200

用冷静和敏捷化险为夷 /201

敢于变化才能有发展 /203

只有想不到，没有做不到 /206

偏执狂才能成功 /209

Chapter 10　身心越愉悦，大脑越灵光 /212

聪明的秘密在于多动脑子 /212

右脑创意，左脑表达 /214

越放松，越聪明 /217

冥想 /219

深呼吸 /220

心像训练 /222

凡事都往好的地方想 /224

Chapter 01
谁是聪明人

小时候，你考试没考好，老师对你说："你其实挺聪明的，就是考试太马虎了。"

长大后，你被上司炒鱿鱼，上司对你说："你其实挺聪明的，就是工作经验还需要积累。"

再往后，遇到波折和不顺，耳边有人对你说："你其实挺聪明的，就是做人太老实。"

再往后，你成了一个平庸的中年人，有人对你说："你其实挺聪明的，就是运气不好……"

你其实挺聪明的，只是因为别的原因，所以没有成功？

你有没有想过——其实可能没有别的原因，而是你真的不太聪明呢？

如果你不这么想，那我举几个让你脑洞大开的例子，帮助你来辨别你或你身边的人是不是一个聪明人。

迅速发现规律

华尔街有一个股票经纪人，曾在3分钟内赚取1 200万美元，31岁时就拥有亿万家产。你觉得这是不是一个聪明人？

这位股票经纪人长期游走在法律的边缘，迅速发家后又迷失于性和毒品之中，最后还被抓进了监狱。这时，你觉得他是不是一个聪明人？

被抓进监狱后，他想写一本自传来回忆自己的过去，但是他从来没有写作的经验。这时他在监狱里看了一本书，他觉得写得很好，他想写得像那个作者一样好。他翻来覆去地看那本书，研究那个作者怎么开始、怎样过渡、怎么引出人物、怎样连接事件……他做了很多笔记，然后他完成了自传，稿子发到他经纪人那里的时候，经纪人问他，你是找了个枪手给你写自传吗？他的自传出版后，迅速成为畅销书，在大赚版税的同时，好莱坞影视公司争抢自传的改编权……这时，你觉得他是一个聪明人吗？

这位股票经纪人叫乔丹·贝尔福特（Jordan Belfort），被称为华尔街之狼，莱昂纳多主演的影片《华尔街之狼》讲述的就是他的故事。

贝尔福特做股票经纪能够成功，不能说明他是一个聪明人，因为分辨一个人是否聪明的标准不应该针对特定领域，而应该是普适的。比如一个做菜好吃的厨师和一个电视台著名主持人，都是各自职业领域的老手，哪个更聪明？这个不好说。

贝尔福特生活堕落和吸毒，以及因为在交易中触犯法律而被抓进监狱，这更不能说明他是一个聪明人。

当你看到他在监狱中，从完全不懂写作，到看别人的书，到写出一本畅销书的时候，你的内心有没有触动？甚至大呼一声，这家伙太聪明了！

事实上，这家伙真的是聪明。他觉得任何事情都是有规律的，他能迅速地发现一个事情或者一类事情背后的规律，所以他做股票经纪很成功，写作也成功了。虽然摔了一次，但是他还能再爬起来。

你想一想，"能找到规律"是不是聪明人的一个显著特征？比如研究数学的人在找数学规律，研究物理的人在找物理规律，研究历史的人在找历史规律，研究军事的人在找战争规律……凡是能在人类重要领域发现规律的，哪一个不是名家和大师，哪一个不是聪明人？

我们普通人不指望成名成家，也不奢望在人类重要领域发现规律。我们只要能在工作和生活的日常领域发现规律，就可以依靠这种"聪明"飞黄腾达了。

有一个台湾地区的年轻人靠卖米养家，这种小生意的门槛低，竞争也激烈，为了多卖米，他多是送米上门。很快就有同行模仿他提供送米上门服务，但是同行怎么努力也没有他卖的米多。秘密何在？原来他发现了顾客买米行为背后的规律。他在一个本子上详细记录了顾客家有多少人、一个月吃多少米、何时发薪等。算算顾客的米该吃完了，就送米上门；等到顾客发薪的日子，再上门收取米款。

这个年轻人叫王永庆，始于卖米，后成台湾首富，他真的是个聪明人。

思路清晰

你想到谷歌、微软、苹果这样的世界明星公司，谋得一份体面又高薪的工作吗？

如果你想去，那就好好写一份能够打动他们 HR 的简历吧！

假如很幸运，你的简历被百里挑一地看中了！

你进入了复试环节，在低调奢华的办公室里，你要求解答一道题：芝加哥共有多少名钢琴调音师？

或者是另一道题：有一个人们只想生男孩子的国家，他们在有儿子之前都会继续生育。如果第一胎是女儿，他们就会继续生育直到有一个儿子。这个国家的男女儿童比例是多少？

……

老实讲，面对这样的题目，你是不是想找个地方哭一场？

然而，这些看上去无厘头的题目，正是这些超级优秀的公司挑选聪明员工的方式！

这种方式靠谱吗？靠谱！因为聪明的人都有一个共同的特质：他们在分析问题时，都能有非常清晰的思考过程。注意，是清晰的思考过程，而不是绝对正确的思考结果。

前哈佛大学校长拉里·萨默斯，曾经在 2006 年 12 月访问中国，在接受中央电视台采访的时候，记者问道："你认为一个优秀的哈佛大学生需要具备的最重要的素质是什么？"

萨默斯先生说:"正直诚信的品格是我们对学生最基本的要求,除此之外,我想最重要的是思路清楚,分析问题的时候有着非常清晰的思考过程。"

我们平时说某人很聪明,智商很高的时候,也常常用反应快、思路清楚来形容。为什么"思路清楚"很重要呢?除了哈佛校长之外,还有一位名人也很看重"思路清楚",这个人是俄罗斯前总统叶利钦。

叶利钦在回忆录《午夜日记》里说:"他(弗拉基米尔)提交的报告总是思路非常清楚,这一点给我留下了深刻的印象。"于是,受到叶利钦总统重视的弗拉基米尔很快被提拔为国家安全局局长,1年后成为政府总理,再过半年后,叶利钦将总统的宝座让给了他。从主任助理到世界上面积最大国家的总统,他只用了不到3年的时间。他是谁?他的全名是弗拉基米尔·普京!

叶利钦选定普京成为他的接班人,当然还有更多更复杂的原因,但回忆录唯一提到的一点正是"思路清楚"!

明白了"思路清晰"这个秘密,再来分析前面提到的面试题。

其实这些面试题都没有唯一正确的答案。面试官只想测试面试的人在解决问题时,是否能形成清楚的思路,换言之,是否能展现一个清晰的思考过程。

因此,钢琴调音师的题目可以这样来回答:假设芝加哥约有500万人居住,平均每个家庭有2人,大约有1/20的家庭有定期调音的钢琴,平均每台钢琴每年调音一次,那么芝加哥每年的钢琴调音总需求是12.5万个订单。又假设每个调音师调整一台钢琴需要2小时,每个调音师每天工作8小时、每周5天、每年50周,那么一个钢琴调音师每年可以处理1 000个客户订单。由此可以算出：芝加哥总共需要125个钢琴调音师。

其中，估算的数据只要不是违反常识太多（例如假设芝加哥只有1万人），就不会被判定为错误。从假设到推理到形成答案，只要这个分析过程是清晰而又符合逻辑的，那就能让面试官为你的聪明点赞。

如果你能迅速找到解决"钢琴调音师"这类问题的规律，那么聪明的你就能给出男女比例问题的答案。

假设一共用10对夫妻，每对夫妻有一个孩子，男女比例相等（共有10个孩子，5男5女）；生女孩的5对夫妻又生了5个孩子，男女比例相等（共有15个孩子，男女儿童都是7.5个）；生女孩的2.5对夫妻又生了2.5个孩子，男女比例相等（共有17.5个孩子，男女儿童都是8.75个）。因此，男女比例是1：1。

由于生男生女的比例大约一比一是个自然规律，因此无论你假设的数据是多少，按此思考过程得出的结论都是一比一。

不做显而易见的蠢事

分辨一个人是不是聪明人的简单方法，是看他做不做蠢事。

有一些事因为违背常识而蠢得明显。有个刻舟求剑的故事，讲一个人在船上做记号希望找到沉入水中的宝剑；有个守株待兔的故事，讲一个人守着树根希望天天逮到撞死的兔子；有一个掩耳盗铃的故事，讲一个小偷捂住自己的耳朵去偷会响的铃铛……

有一些事因为不计后果而蠢得明显，例如过马路闯红灯、酒后驾车、开车不系安全带、不安全的性行为（ONS，one night sex）、与道德品质有问题的人做生意、乱吃药……这些蠢事带来的微小回报，远远不足以抵消潜在的严重后果。

蠢事和有风险的事，是不同的。不做蠢事并不是不承担风险，而是不要承担错误的风险。

某人可以连续99次"成功"酒驾，但是承受得起"错误"的第一百次么？

风险投资公司，顾名思义是指每一笔投资都要承担失败的风险。但是业界翘楚红杉资本却创造了一系列的神话。据统计，这家1972年成立于美国硅谷的风投公司，投资超过500家公司，其中130多家成功上市，另有100多个项目借助兼并收购成功退出。因其投资而上市的公司总市值超过纳斯达克市场总价值的10%。他们每天的工作都与风险为伴，但却无时不在逃避错误的风险。

巴菲特的搭档查理芒格说："聪明就是少做蠢事，尤其是不做显而易见的蠢事。"为什么少做蠢事、不做显而易见的蠢事是辨别聪明人的一个标志呢？

因为聪明人都具备一定的理性。

所谓理性，是指人类能够运用理智的能力。

理性是相对于感性的概念，它通常指人类在审慎思考后，以推理方式，推导出结论的思考方式。

前两节讲到的"迅速找到规律"和"清晰的思路"，实际上都是"运用理智能力"的不同体现，而少做蠢事、不做显而易见的蠢事，也是如此。

有理性和能够运用理性，是不一样的。想想"追悔莫及"这个成语吧，人之所以后悔，就是因为事后发现当初"图样图森破"（太蠢太不理性）。

假设你到餐厅点了一份 8 寸的比萨饼，服务员告诉你 8 英寸的卖完了，推荐你花同样的价钱买一份 4 寸加 6 寸的比萨饼组合。你同意这份推荐吗？

餐厅如此推荐，是因为屡试不爽，很多顾客都暗自高兴占了便宜。只有个别人会表示不接受，因为 8 寸比萨的面积要比 4 寸加 6 寸的组合多出不小的一块！

花同样的钱要吃更大的比萨，这是一般人都有的理性。能够运用面积的公式算一算比萨的大小，却是少数人对理性的运用。

因此，有理性未必聪明，善于运用理性，才是聪明人。

智商测试与多元智能

今天，如果你想移民到美国，那你要很有钱——走投资移民的途径，或者有特别的专业技能——走技术移民的途径。如果穿越到 100 多年前，就没有那么麻烦了，你只要能证明你不是一个笨蛋，你就能成为美利坚公民了。

20 世纪初，美国离曼哈顿附近的一个移民大厅里，胖子帕特经过数月的省吃俭用，从欧洲来到这里，横在他面前的是一个医生的盘问：

"帕特,如果我给你两只狗,我还有一个朋友也给了你一只,那么你一共有几只狗?"

"四只,先生。"

"你以前上过学吗?帕特。"

"当然上过,先生。"

"那么,如果你已经有一个苹果,我又给了你一个,你一共有几个?"

"两个,先生。"

"我的朋友又给了一个,你一共有几个?"

"三个,先生。"

医生重复了第一个问题,得到的答案仍然是四只。他进而问:"我给了你两只,加上我的朋友那只,你怎么会有四只呢?"

帕特答道:"这个嘛,当然啦。我自个儿家里还有一只啊。"

对这位爱尔兰大胖子,医生最终决定给他"放行"。随后,他登上渡船,前往曼哈顿或新泽西,跟着当天到达的上万人,前往美国的任何一个地方。

"质量控制台"是当时美国移民大厅的一个关口,医生们用数秒钟的时间进行智力测试,拒绝智力低下者入境。

早期的智力测验不只是用于移民质量检查,还用于军队中遴选军官、控制生育质量,即将有智力缺陷的女人送到收容所,强制绝育。例如第二次世界大战期间,德国人在第三帝国的领土内对 40 万人实施强制绝育。

法国人比奈(Alfred Binet,1857—1911 年)发明了智商 IQ

（Intelligence Quotient）这一概念后，智力的高低通常用智商来表示，用以表示智力发展水平。根据比奈的测试量表，把一般人的平均智商定为100，而正常人的智商，大多在85到115之间。

长期以来，人们认为智商，即智力商数，具体是指数字、空间、逻辑、词汇、记忆等能力，是人们认识客观事物并运用知识解决实际问题的能力。

1983年，心理学家加德纳（Gardner）提出：过去对智力的定义过于狭窄，未能正确反映一个人的真实能力。他认为人类的智能至少可以分成七个范畴，后来增加至九个，其范畴和内容如下所示。

1. 语言智能

这种智能主要是指有效地运用口头语言及文字的能力，即指听说读写能力，表现为个人能够顺利而高效地利用语言描述事件、表达思想并与人交流的能力。这种智能在作家、演说家、记者、编辑、节目主持人、播音员、律师等职业上有更加突出的表现。

2. 逻辑数学智能

从事与数字有关工作的人特别需要这种有效运用数字和推理的智能。拥有这种智能的人学习时靠推理进行思考，喜欢提出问题并执行实验以寻求答案，喜欢寻找事物的规律及逻辑顺序，对科学的新发展有兴趣。即使他人的言谈及行为也成了他们寻找逻辑缺陷的好素材，对可被测量、归类、分析的事物比较容易接受。

3. 空间智能

空间智能强调人对色彩、线条、形状、形式、空间及它们之间关系的敏感性很高，感受、辨别、记忆、改变物体的空间关系并借此表达思想和情感的能力比较强，表现为对线条、形状、结构、色彩和空间关系的敏感以及通过平面图形和立体造型将他们表现出来的能力。空间智能能准确地感觉视觉空间，并把所知觉到的表现出来。拥有空间智能的人在学习时是用意象及图像来思考的。

空间智能可以划分为形象的空间智能和抽象的空间智能两种能力。形象的空间智能是画家的特长。抽象的空间智能是几何学家的特长。建筑学家形象和抽象的空间智能都擅长。

4. 肢体运动智能

肢体运动智能是指善于运用整个身体来表达想法和感觉，以及运用双手灵巧地生产或改造事物的能力。拥有肢体运动智能的人很难长时间坐着不动，喜欢动手建造东西，喜欢户外活动，与人谈话时常用手势或其他肢体语言。他们学习时习惯通过身体感觉来思考。

这种智能主要是指人调节身体运动及用巧妙的双手改变物体的技能，表现为能够较好地控制自己的身体，对事件能够作出恰当的身体反应以及善于利用身体语言来表达自己的思想。运动员、舞蹈家、外科医生、手艺人都有这种智能优势。

5. 音乐智能

这种智能主要是指人敏感地感知音调、旋律、节奏和音色等能力，表现为个人对音乐节奏、音调、音色和旋律的敏感以及通过作曲、演奏和歌唱等表达音乐的能力。这种智能在作曲家、指挥家、歌唱家、乐师、乐器制作者、音乐评论家等人员那里都有出色的表现。

6. 人际关系智能

人际关系智能是指能够有效地理解别人及其关系，以及与人交往的能力。人际关系智能包括四大要素：①组织能力，包括群体动员与协调能力；②协商能力，即仲裁与排解纷争能力；③分析能力，即能够敏锐察知他人的情感动向与想法，易与他人建立密切关系的能力；④人际联系，即对他人表现出关心，善体人意，适于团体合作的能力。

7. 内省智能

这种智能主要是指认识到自己的能力，正确把握自己的长处和短处，把握自己的情绪、意向、动机、欲望，对自己的生活有规划，能自尊、自律，会吸收他人的长处；会从各种回馈渠道了解自己的优劣，常静思以规划自己的人生目标，爱独处，以深入自我的方式来思考；喜欢独立工作，有自我选择的空间。这种智能在优秀的政治家、哲学家、心理学家、教师等人员那里都有出色的表现。

内省智能可以划分为两个层次：事件层次和价值层次。事件层次的内省指向对于事件成败的总结。价值层次的内省将事件的成败和价值观联系起来自审。

另外，有其他学者从内省智能分拆出"灵性智能"（spiritual intelligence）。

8. 自然探索智能

自然探索智能是指能认识植物、动物和其他自然环境（如云和石头）的能力。自然智能强的人，在打猎、耕作、生物科学上的表现较为突出。自然探索智能可进一步归结为探索智能，包括对社会的探索和对自然的探索两个方面。

该智能为加德纳在 1995 年所补充。

9. 存在智能

存在智能是指人们表现出的对生命、死亡和终极现实提出的问题，并思考这些问题的倾向性。该智能是加德纳在 1995 年之后再次补充的。

加德纳认为人的智能是发展的，不是固定的。如果你的智能可以在现有的基础上有所提升，你也能成为莫扎特（音乐智能强大）或乔丹（肢体运动智能超群）。

按照加德纳的理论，成功的人士只不过是在某种智能或者某些智能上比大多数人聪明得多罢了。

不易辨认的聪明人

某精神病院有一位老太太，每天都穿着黑色的衣服，拿着黑色的雨伞，蹲在精神病院门口，一言不发，一动不动。

医生想："要医治她，一定要从了解她开始。"

于是，那位医生也穿黑色的衣服，拿着黑色的雨伞，和她一起蹲在那边。

一言不发，一动不动，两人就这样蹲了一个月。

老太太终于开口和医生说话了："请问……你，也是蘑菇吗？"

有些时候，聪明人就像是这个打雨伞的"人形蘑菇"，在你没有进入他的世界之前，你无法理解他，更不要提能从人群中辨别他。

有一个小孩，其表现令人不解。如果你拿 5 分钱和 5 毛钱的硬币放在他面前，告诉他喜欢哪一个他就可以拿走，那小孩每次都会选择 5 分钱。很多人不理解，于是有很多人去拿这孩子做实验，屡试不爽。

有一个大人想了解这个孩子，就和他一起玩拿硬币的游戏。玩了很久之后，对孩子说："能不能换成你出硬币，我来选。"孩子同意了，掏出 5 分钱和 5 毛钱，大人也拿走了 5 分钱。这时孩子问："你为什么选少的钱？"大人说："我学你的，你先说。"孩子在他的耳边小声说："如果我选多的钱，他们就不来找我玩了。"

咦……你有没有瞬间觉得那些拿钱来做实验的人才是大傻瓜？

美国前总统小布什是个"倒霉催"的家伙。在 2004 年愚人节到来之际，美国一家公司照例进行了年度"最愚蠢的人"评比。结果，公众评出的当年美国最愚蠢的十大人物中，小布什总统也"不甘落后"挤入前十名。

不仅如此，2008 年大选时，小布什的智商成了竞选时政敌攻击他的靶子：奥巴马使用激烈的言辞攻击他，让他体无完肤；麦凯恩无情地抛弃他，甚至还要踹上一脚。而电视台则把他当作了笑料：几乎每天晚上脱口秀节目都拿他开涮。甚至有人拍了一部电影，讽刺他一生的努力都是为了证明给他的老爸看："哦，我不是个笨蛋！"

如今，又到了奥巴马两届任期到头的时候了，又有不少人想起小布什，发现这家伙其实一点都不蠢。伊拉克根本就没有大规模杀伤性武器，但小布什却得到了盟军的支持发动了伊拉克战争；他不仅当选，还获得连任；他在任上向全世界兜售了最多的美国国债……看小布什说过的那些"蠢话"，我们得想想了，他为什么说那些话、做那些事？如果他的愚蠢能把全世界人骗了，究竟他是傻瓜还是大智若愚？

2007年7月12日，世界著名投资大师、股神沃伦·巴菲特开始在港交所减持中石油的股票，消息传出后，很多投资者包括基金经理人，都大呼美国股神玩不转亚洲股市，中石油的股票从7月12日收盘价12.28港元稳步上扬，累计上涨了35.3%。但巴菲特在嘲笑声中继续减持，经过7次减持后，截至当年9月30日，巴菲特从中石油前三大股东名单中抽身而出。一个半月之后，中石油回归A股，当天创下46.33元的最高价后，从一路狂跌到漫漫"熊"途，创下了6.44元的低价，直到2016年年初，其股价也不过7元出头。那些当初嘲笑巴菲特的人，只好自嘲："问君能有几多愁，恰似满仓中石油"。

回过头来看巴菲特，真可谓众人贪婪我恐惧，大智若愚到了孤独求败的境界了！

因此，想辨认身边的聪明人，其实没有我们想象的那么容易。

很多时候，我们没有相应的智能，因而对方不愿意向我们显露出他自身的聪明。即使显露出来，我们也未必能够辨查对方的行为模式、思维模式，从而察觉到对方聪明在哪里。因为，我们真的不知道对方聪明在哪里。

多想想小布什吧！

Chapter 02

聪明人为什么聪明

英国作家王尔德说:"起先是我们造成习惯,后来是习惯造成我们。"

今天的你,是习惯造成的吗?先做个测试吧。以下这7种想法,你觉得有哪几点是对的?

(1)在一家公司干的时间越长越好。

(2)无论老板让我做什么,对我的职业发展都有好处,毕竟老板是过来人。

(3)成功的关键在于升职。

(4)只有一部分人有领导力——至于我嘛,还是算了。

(5)我喜欢做那些我能胜任的工作。

(6)找工作时,我最看重的是这份工作给我带来的保障和安全感。

(7)在大公司工作再好不过了。

把你的答案记下来,接着往下看。

怀疑，独立思考

好了，现在揭晓答案：以上 7 种想法，全错！

这 7 种想法是典型的职场固化思维，由于很多人在你耳边重复，因此根深蒂固地驻扎在你的脑海，影响你作出正确的职业选择。

这 7 种想法占得越多，你对自己职场的掌控力就越低，说明你在面对机会的时候，容易人云亦云，欠缺独立思考的习惯。

你是怎样变得人云亦云的？你缺乏独立思考的习惯又是怎样形成的呢？

沃伦·巴菲特在伯克希尔 1985 年的年度报告里，分享了格雷厄姆讲过的一个寓言故事。

有一个石油勘探者在上天堂的时候，圣·彼得告诉他一个坏消息，说："你的确有资格进天堂，可是你也看到了，分配给石油勘探者居住的地方已经客满了，我实在没有办法把你安插进去。"那个石油勘探者想了一会之后问圣·彼得说："我可不可以跟那些现在住在那里的人讲一句话？"圣·彼得想了想，认为让他说句话也无妨，于是同意。那个石油勘探者合起他的双手成杯状，放在嘴边大喊："地狱里发现石油了！"忽然之间，天堂的大门开了，所有的人蜂拥而出向地狱冲去。这留给圣·彼得很深的印象，并立刻邀请这位石油勘探者搬进去，无拘无束地住在那里。结果这位石油勘探者犹豫了一下说："不，我想我还是跟那些人一起去好了。谣言里，也可能有一些真实的成分。"

这个寓言的结尾令人难忘,它说明人在本性上有遵从大众的倾向,导致了盲从行为的产生。

从小接受的教育也容易让我们缺乏思考。

一群小学生坐满了整间教室,他们得按照要求解决一个关于上学途中安全过马路的问题。孩子们想到了很多办法,比如采用挖地下通道、架设天桥、穿上荧光外套及采取限速措施等。所有的观点都很循规蹈矩,而这些恰恰也是老师们期望听到的结果。只有一个学生很特殊,他建议学校董事会卖掉所有的财产,然后把课堂搬到网络上。

这个想法有点超前,也并不成熟,于是这个小学生成了全班同学的笑柄。但是把课堂搬到网络上却是仅有的一个敢被阐述出来的独立想法。

想想布鲁诺吧,就是那个反对地心学说的意大利科学家,他作为一个"独立思想者"被宗教裁判所视为"异端"烧死了。在学习和生活中,扼杀我们独立思考天性的,很可能是周围人的嘲笑和不理解。

但是依然会有一部分人把独立思考的天性保持下来,并形成自身的一个习惯。

他们会听取别人的意见,但不会轻易相信别人的意见,而是在独立思考之后作出判断。

他们大多都是怀疑论者,先怀疑、再求证是他们的思考顺序。如果他们想知道真相,就会坚定地去探求答案,而不会被错误的、毫无逻辑的意见干扰。

他们通常会因为不按常理出牌而挨骂,但是他们依然可以因为独立思考而坚定。

让我们独立地思考，然后给自己创造一个机会无限的世界吧。

但你得自己去寻找。

好奇心如猫

好奇心会害死一只猫。

好奇心也会成就一个伟大的人。

好奇心让阿基米德发现了浮力计算公式；好奇心促使本杰明·富兰克林在暴风雨中用绑着金属杆的风筝做雷电实验，发明了避雷针；好奇心还让三只苹果改变了世界，一只是夏娃的苹果，一只是牛顿的苹果，还有一只是乔布斯的苹果。

如果你也拥有这可敬的好奇心，毫无疑问，你是聪明的。

在剑桥大学，维特根斯坦是大哲学家穆尔的学生。有一天，哲学家罗素问穆尔："谁是你最好的学生？"

穆尔毫不犹豫地说："维特根斯坦。"

"为什么？"

"因为，在我所有的学生中，只有他一个人在听我的课时，老是露着迷茫的神色，老是有一大堆问题。"

后来维特根斯坦果然大有成就，甚至名气超过了罗素。

有人问维特根斯坦："罗素为什么落伍了？"

维特根斯坦说:"因为他对女人已经不好奇了。"①德国著名化学家李比希把氯气通入海水中提取碘之后,发现剩余的母液中沉积着一层红棕色的液体。他虽然感到奇怪,但并未放在心上,武断地认为这不过是碘的化合物,只在瓶上贴张标签了事。后来,一位法国科学家证实那是新元素溴,李比希才恍然大悟。他因此称这个瓶子为"失误瓶",以告诫自己。

腾讯的创始人马化腾早期差点把QQ卖掉,后来却依靠QQ成就了他的企鹅帝国。就在互联网同行都对腾讯羡慕嫉妒恨时,有个人却产生了深深的好奇心。他想知道腾讯做门户网站、做微博、做啥成啥背后的原因,他发现关键原因是QQ上每天都有好几亿的黏性用户。于是他开发了一款杀毒软件叫360,而且让用户免费下载,这一招迅速黏住了好几亿电脑用户,接着他开发了360浏览器、360搜索引擎,也是做啥成啥!你知道他是谁了吧?他就是周鸿祎。

如果你对成就自己的事业已经不抱希望了,那就从保护好奇心开始培养你的孩子吧!

美国学者米哈伊提出:"通往创造性的第一步就是好奇心和兴趣的培养。"他认为,好奇心是需要保护的,也许所有的孩子都有好奇心,但好奇心能否保持到成年,在很大程度上依赖于早期生活受到的鼓励。幼儿好奇心很强,这也许与他们的知识经验贫乏有关。在他们看来,

---

① 这是一个意味深长的回答。哲学家罗素在他30岁以后,有了地位和学识,私生活也开始逐渐放荡起来。曾经有人这样评价他:"罗素,追逐任何一个穿裙子的女人,且手段恶劣。"他有一句名言传播甚广:"性欲同食欲是一样的。愈是节制,欲望就愈高;反过来,欲望满足了,它就会暂时消解。而当性欲急切时,它会把一切都从人类精神范围之内排挤出去。"

周围环境中的许多事物都是新奇的，很多都出乎他们的预期，他们想要观察、探索、询问、操作或摆弄这些事物。这些都是好奇心的外在行为表现。如果这些行为能得到更多的鼓励与支持，就会逐渐内化为幼儿的人格特征。相反，如果缺少环境的鼓励与支持，这些行为会逐渐消退，表现为对新奇事物的冷漠、回避等心理倾向，从而不利于创造性人格特征的形成。

快速纠错

苏格拉底说："我平生只知道一件事，我为什么是那么无知。"如果你认为自己无知，你又是怎么知道你无知这件事的呢？

因此，苏格拉底的这句名言常被称为"苏格拉底悖论"。

苏格拉底悖论揭示了一个事实：聪明的人不是假装什么都知道，而是能够认识到自己的无知、短处、错误和局限。

越聪明的人，越能快速发现自己的错误，然后快速进行纠正。如果你跟不上他的改错速度，你就会为他的"多变"而受煎熬。

英特尔的创始人安迪·格鲁夫生于1936年。1983年，他在硅谷和几个年轻人一起吃饭，其中有个叫史蒂夫·乔布斯的人站起来叫嚣："过了30岁的人，不可能明白计算机产业要走向哪里！"如此冒犯的言语给格鲁夫留下了深刻的印象。

你相信乔布斯的话吗？想想推出 iPod 那年他有多大岁数？46岁了！

乔布斯到底有多善变？

他说电子阅读器是没有希望的，美国人一年到头才读半本书，这不是亚马逊 kindel 的问题，而是因为人们不读书了！

但当他发现 kindel 大获成功后，很快就推出了苹果自己的电子阅读器产品，iPad 和 iBooks 趁热出炉。

乔布斯的老友海蒂·罗森是这样评价的："你永远不可能融入乔布斯的世界，你随时都可能说出一些让他轻视你的话，那时，你在他心中就与傻瓜无异了。乔布斯可以牺牲任何人。但不管他如何贬低你，你仍然愿意追随他。与乔布斯相处的感觉，就像我对巧克力的迷恋一样。不错，巧克力对我的健康有害，但是我的确喜欢它，所以我只好尽可能不让它控制我。"

曾有报道说乔布斯在前一刻还在嘲笑员工的点子烂得出奇，下一秒就会将其奉若至宝，让人完全摸不着路数。他不是不犯错误，而是他的错误就地蒸发了！他改得太快了。苹果公关总监 Laurene Clavere 谈起与他相处的原则时说："我就装作我死了。"

当有些人还在纠结要不要承认错误，要不要把错误的责任推给别人的时候，聪明的人已经开始纠正错误了。

聪明人犯的错，并不比你少，而是改正得比你快。这才是聪明人真正聪明的地方。

深度阅读

你有多久没有读书了？

你回答的时间越长，可能离聪明越远。

大家都知道巴菲特是股神，但很少有人知道他是如饥似渴的阅读者。

腾讯财经转载了美国亚利桑那州立大学新闻与大众传播学院对巴菲特的一段采访。节选如下：

问：你怎么跟上媒体和这个疯狂的信息爆炸时代？

巴菲特：我不断阅读，一天可能读五到六个小时。年轻的时候读得没现在这么快。我要读五份日报，还有很多杂志、10-K 文件①、（企业自行发布的）年度报告，另外还有其他很多东西。我一直享受阅读，比如喜欢读传记。

问：你处理信息的速度为何如此快？

巴菲特：我脑子里有些文件夹。如果有人提起某个企业或者某些证券的投资，我常常在两三分钟内就能清楚自己有没有兴趣。我不会在那些没兴趣的方面浪费任何时间。

我总是有点担心，甚至显得粗鲁，因为我会很快说出某件事会产生什么结果，或者某件事是值得聊上一个半小时、一小时还是两小时。

巴菲特这样概括他的日常工作："我的工作是阅读"。

当然巴菲特阅读最多的是企业的财务报告。"我阅读我所关注的公司年报，同时我也阅读它的竞争对手的年报，这些是我最主要的阅读材料"。

但巴菲特并不仅仅阅读上市公司年报这些公开披露信息，他从年报中发现感兴趣的公司后，会阅读非常多的相关书籍和资料并且进行

---

① 上市公司递交给美国证监会的年报。

调查研究，寻找年报后面隐藏的真相："我看待上市公司信息披露（大部分是不公开的）的态度，与我看待冰山一样（大部分隐藏在水面以下）。"

在1999年伯克希尔股东大会上，查理·芒格说："我认为我和巴菲特从一些非常优秀的财经书籍和杂志中学习到的东西比其他渠道要多得多。我认为，没有大量的广泛阅读，你根本不可能成为一个真正成功的投资者"。

你想学习巴菲特吗？

先问问自己，你经常读书吗？

一个人，要怎么样才能获取足够多的、有用的信息量？答案很简单，就是大量的学习、阅读和吸收。

记住：不是聪明才阅读，而是阅读才聪明。

每天阅读朋友圈转发的文章和网上的段子，也能变聪明吗？很遗憾，这种阅读方式大部分属于浅阅读的范畴，目的性不强，智力参与的程度很低，作用很有限。

只有深度阅读才能让人变聪明。所谓深度阅读，也叫深读，它有三个特点：一是目的性强，是针对某个问题而展开的阅读；二是投入较长时间和精力；三是内化，是指把阅读的内容转化为自身的智能。

根据第一个特点，阅读文学作品不能算是深读。因为诗歌、散文和小说能给人带来阅读的快感、人生的哲理和精神的享受，但是其解决问题的目的性不够，人的逻辑智能和理性参与较少，锻炼脑力的作用也有限。当然如果你是文学专业的研究者，那就另当别论了。简言之，深度阅读要求你能阅读专业书籍和专业文献。

专业书籍和文献涉及术语、逻辑、推导，甚至运算等，浅尝辄止、走马观花的阅读方式是不管用的。因此，根据深度阅读的第二个特点，坐电梯、等车、走路、上厕所时的碎片化阅读不能算是深度阅读。

深读和精读，都具有前面这两个特点。深读比精读更高的要求是第三个特点：内化。内化是指把接收到的信息转化为可输出信息的过程，两者的比率叫内化率。

例如，你翻到本书关于头脑风暴的那一节。如果你读完之后，依然不会组织集思广益的创意会，那你的内化就没有完成，转化率为零。如果你能够有效组织头脑风暴会议，而且能够创造性地运用到各种适合的场合，那么转化率就是百分之百。这个解决问题的方法已经内化成为你智能的一部分了。

我们常用"书呆子"来比喻高分低能的人，他们的缺点很可能就是阅读的转化率太低。转化率低的人，对某个概念和学问，他知道也有一定的认识，但需要的时候，概念和学问很难立刻出现在思维中。或者说，他需要付出一定的精力去再度"获取"它们。

阅读转化率高的人，一旦读懂了某个概念和学问，很快就能转化成为他自己的智能，不仅能不假思索地运用，而且能举一反三，与原有的智能融会贯通。

深度思考

抛物线、概率、熵、归纳法、微积分、矩阵运算、智猪博弈、纳什均衡……这些概念你熟悉吗？你上学时可能学过吧？

你现在会用它来解决问题吗？

呵呵，早忘了吧。这说明你阅读的转化率很低啊！

但是……这些知识在工作中用得上吗？

完全用不上！

既然用不上，当初为什么要学呢？

为什么？你想一想。

原因是：学习数学，可以训练人的深度思考能力。正因为如此，世界各国的教育体系从小就要求孩子学习各种数学。

什么是深度思考？来看一个例子。

李先生往南走了100公里、往东走了100公里、再往北走了100公里，然后回到了原地。请问李先生一开始在哪里？

浅层思考：这样的地方是不存在的。

深入思考：地球上有没有独特的地点？北极点！

对，就是北极点的脑筋急转弯吧？

在这里，我想说，不要和孩子玩脑筋急转弯游戏，因为这种"急智"和"机制"会妨碍人们进一步思考问题。

南极点行不？不行，因为南极点上不能往南走。

继续深入思考：除了北极点还有没有其他的可能？

地球上必然存在一条纬度线A，其绕地球一周的周长等于100公里。沿维度线A向北走100公里，如果有一条维度线B，那么李先生站在维度线B上的任何一点，如题行走，都能回到原地。

继续深入思考：这样的维度线B有几条？

两条啊。南半球一条，北半球一条，因为地球是圆的。

深入思考的每一步都要求验证：如果维度线 A 的周长为 100 公里，那么其到北极点的球面距离估算是 5~6 公里（100 除以 π 平方根公里），这意味着北半球的维度线 B 是不存在的，因为从维度线 A 向北走五六公里就到北极点了。同法验证，南半球的维度线 B 是存在的。

终于可以长舒一口气了……但是思考还能深入。

维度线 A 的周长是 50 公里、25 公里、5 公里、4 公里、2 公里、1 公里、0.1 公里……可以吗？完全可以。只要李先生在维度线 A 上向东走 N 圈后恰好回到原点，都可以。换言之，只要 100 公里能被维度线 A 的周长整除即可，而这样的维度线 A，在理论上有无数条。相应的，维度线 B 也有无数条。

如果用微积分的极限思维，你会发现，维度线 A 将无限逼近南极点。当到南极点时，维度线 B 与南极点的地球球面距离为 100 公里。

这样的思考，是不是极度烧脑？对有深度思考习惯的人来说，这样的题目不过是一道小菜。

通过这个例子，你会发现，深度思考的逻辑链条很长，由许多个"因为……所以……"和许多个"如果……那么……"构成。

建议你养成多问多想的习惯，试图为每一个"果"找到一个"因"，针对每一个"假设"开展一段推导，如此刻意地训练自己，就能够逐步提高自己深度思考的能力。你用于思考的时间和频次，比常人多得多，你的思考才可能比常人深得多。

走路、休息，任何时间，都可以去思考。看到一个事物，常人可能会满足于"哦，这样。"而你可以去问"为什么是这样？"比如，这个路段的摊贩为什么特别多？是不是这个路段的人流量比较大？或者是停留时间较长？为什么？在这里消费的人，会是些什么人？

不要轻视对简单问题的深度思考，它造就了无数的传奇，哈佛大学商学院教授迈克尔·波特就是一例。他在很年轻的时候就发现了一个商业现象：在暴利行业也有企业亏损，在微利行业也有企业赚翻了。这是为什么呢？

这个现象很早就存在，一般人可能在浅层次上给出一些支离破碎的分析，例如机会、老板的能力、团队的素质等。波特对这个问题展开了长时间的深度思考，系统、全面地分析这一现象背后的根源，最后竟然写出来一本书，叫《竞争战略》。现在人们常用的竞争优势、竞争战略、价值链、5P模型、成本领先战略、差异化战略、聚焦战略等概念，都是他最早提出来的。他是当今全球第一战略权威，是商业管理界公认的"竞争战略之父"，在2005年世界管理思想家50强排行榜上，他位居第一。

对了，出版《竞争战略》那年是1980年，波特只有33岁。

1万小时定律

深度思考能力与一个人的专长有关，没有人能在任何领域都进行深度思考。

围棋高手在下棋时能想到十几种变化的过程及其对全局的影响，但在面对三四种销售策略时却可能一筹莫展；作曲家听到一段旋律，就能借此谱写一只完整的曲子，但却不能像小说家一样靠一段对话带来的灵感编出一个故事；经济学家看到一个统计数据，就能判断未来一段时间的经济走势，但你让他去炒股票，却可能赔得没裤子穿；炒股高手不能像经济学家一样把宏观经济分析得头头是道，但面对一根K线和几分钟的交易量，却能在当天做短差赚到真金白银……

因此，要获得深度思考能力，就要在某个领域成为一个真正的"专家"，这来自于持续的学习和思考训练。

你走进一家咖啡馆，营业面积不大，大约100平方米，感觉却很舒适。比起赫赫有名的大牌咖啡馆也毫不逊色。然后你在网上搜索，发现有人也在微博或大众点评网上评价"这个咖啡馆真不错！"

然后你去思考：是什么因素给了我这样的感觉？

接着你注意到这些：软硬适度的沙发；桌子比一般桌子稍高一点，适合拿出电脑来办公；橘黄色的台灯；暖色调的墙体；照明系统互不干涉，功能区分很鲜明，起到了小而不乱的作用；背景音乐舒缓低沉……

单独看每个因素，看不出什么，但组合在一起，就有了一种浓浓的人情味。

你把思考的这些结果记下来，当你到别的咖啡馆时，再做对比和进一步的思考。

这些思考有用吗？

如果你在上大学，这些思考可能让你完成一篇论文；如果你要给一家咖啡馆提建议，这些思考也能用得上；如果你能在类似"用户体验""消费环境的人情味设计"等问题上专注思考下去，某一天，你可能就成了这一领域的专家，你可以开一家顾问公司，靠写书、咨询和讲课赚钱!

啊,好激动!但是某一天,到底是哪一天呢?

你先拿出1万小时,然后……就OK啦。

生于加拿大、现居美国的作家格拉德威尔在《异类》一书中指出:"人们眼中的天才之所以卓越非凡,并非天资超人一等,而是付出了持续不断的努力。1万小时的锤炼是任何人从平凡变成超凡的必要条件。"

他将此称为"1万小时定律"。要成为某个领域的专家,需要1万小时,按比例计算就是:如果每天工作8个小时,1周工作5天,那么成为一个领域的专家至少需要5年。这就是1万小时定律。

格拉德威尔的研究显示,在任何领域取得成功的关键跟天分无关,只是练习的问题,需要练习1万小时。10年内,每周练习20小时,大概每天3小时。每天3小时的练习只是个平均数,在实际练习过程中,每个人花费的时间都可能不同。

20世纪90年代初,瑞典心理学家安德斯·埃里克森在柏林音乐学院做过调查,学小提琴的大约都从5岁开始练习,起初每个人都是每周练习两三个小时,但从8岁起,那些最优秀的学生练习时间最长,9岁时每周6小时,12岁8小时,14岁时16小时,直到20岁时每周30多小时,共1万小时。

"1万小时定律"在成功者身上很容易得到验证。电脑天才比尔·盖茨13岁时有机会接触到世界上最早的一批电脑终端机,开始学习计算机编程,7年后他创建微软公司时,他已经连续练习了7年的程序设计,超过了1万小时。

音乐神童莫扎特，在 6 岁生日之前，他的音乐家父亲已经指导他练习了 3 500 个小时。到他 21 岁写出最脍炙人口的第九号协奏曲时，可想而知他已经练习了多少小时。开创了一个时代的韩国围棋天才李昌镐 17 岁时（1992 年）成为世界冠军，这距离他 1983 年投师于田永善六段门下过去了 9 年，距离他 1984 年投师于曹薰铉九段门下过去了 8 年。9 年超过 1 万小时的专业训练铺就了李昌镐的冠军之路。

"1 万小时定律"的关键在于：1 万小时是最底线，而且没有例外之人。没有人仅用 3 000 小时就能达到世界级水准；7 500 小时也不行；一定要 1 万小时，无论你是谁。这等于是在告诉大家，1 万小时的练习，是走向成功的必经之路。

爱因斯坦够聪明吧？他去世后，大脑被留下来用于专门研究，科学家发现他的大脑结构的确有异于常人。但是爱因斯坦也没有推翻 1 万小时法则。1896 年，爱因斯坦进入苏黎世联邦理工学院师范系学习物理学，该校物理教授海因里希·弗里德里希·韦伯很讨厌爱因斯坦，曾对他说："你很聪明，但有个缺点，你听不进别人的话"。然后到了 1905 年，爱因斯坦一口气发表了 6 篇划时代的论文，大师横空出世，这一年，被物理学界称为"爱因斯坦奇迹年"。

爱因斯坦花了多长时间？

你呢？

成长型思维

训练 1 万小时能成为世界级专家？

骗人的吧？我做销售都做了 15 年了，为何还只拿几千元的薪水？我下围棋都 20 年了，为何才是业余一段？我妈做饭都做了 40 年了，为什么不是大厨？

原因在于：我们一般人的 1 万小时并没有用于训练和成长，我们大部分的时间都是在重复已经会做的事情。如果你一直销售的是同一领域的产品，维护的是熟识的客户关系，完成的是越低越好的销售任务……那么你后面的 14 年和第一年有什么不同呢？你好好检查一下你人生的主旋律，是不是长期处于循环播放的状态？

专注于一个领域，持续投入、持续挑战、持续提高自己的技能和思考力……如此 1 万小时的"训练"，才能让成就有所不同。如果你不满足于一成不变的生活却又无可奈何，如果你总是浅尝辄止，如果你总是无法开启这段 1 万小时的旅程，那么你很有必要检查一下自己的思维方式，你很有可能是一个固定型思维的人，你需要掌握成长型思维的方法。

1978 年，心理学家黛珂开始跟踪调查一群小朋友。她给他们提供了难度不同的智力拼图，并记录了他们在解题过程中的种种反应。

智力拼图的难度逐级提升，一部分小朋友表示："我越来越困惑了""我的记性一直不好""一点也不好玩了"，最后，他们表示"我放弃了。"

放弃之后，他们讨论起了别的话题，比如"我想在这周末的才艺展示上扮演秀兰·邓波儿"。为了掩盖自己的失败，这部分小朋友开始齐刷刷地假装自己一开始就没有努力答题。其中，有个小男孩已被多次告知，他的答案"棕色"是错误的，但他仍然一次又一次地选择这个答案，并振振有词道："巧克力蛋糕，巧克力蛋糕。"有些孩子直接把拼图扔到地上。

但是成功了的小朋友们的态度，则让黛珂钦佩不已。

黛珂知道，如果换她自己拼不出来拼图，她会努力隐藏沮丧和愤怒。所以在实验开始前，她以为成功的孩子们会采取一样的态度。但是，成功的孩子不仅能够接受失败，而且还非常喜欢失败。解不出题时，他们并没有自我责备，而是表示"我喜欢接受挑战""差一点点我就能做出来了"，或者"我之前就成功做出来了，所以我还可以再成功一次"。

黛珂总结道：这些孩子们之间的差异在于思维模式。

很多人都认为："一个人要么聪明，要么就是不聪明。假如你失败了，就说明你不聪明。"持有这种观念的人一旦失败了，往往就会觉得自己弱爆了、蠢极了、记性不好，因此很难觉得游戏好玩。黛珂将这种想法即"人的能力是一成不变的"称为"固定型思维模式"。这类人甚至会觉得，世间万事都是为了测试你的能力。

成功的孩子们则持有相反的观念：接受挑战是有趣的，通过挑战，我们可以"成长"。黛珂将其称为"成长型思维模式"。智力拼图越难，这类孩子就越兴奋，因为从简单的题目里学不到任何东西，但是难题则可以让他们发展新的技能。

成功组的孩子里,有个7年级的孩子甚至解释:"智力这东西需要你自己去锻炼,而不是静坐着就能开发的……我喜欢举手回答问题,这样,我的错误就会被纠正过来。"

固定型思维模式的人往往觉得,"成功"意味着要证明自己有多棒,因此"努力"是很丢脸的——假如你冥思苦想、不断提问,说明你不够优秀。所以这些人习惯于不断重复自己一上来就能做好的事情。

成长型思维模式的人会觉得,成功来源于成长,而且,只有通过努力你才会成长。当他们已经将某件事做得很好时,就会开始寻找更有挑战性的事情。

注意,寻找更有挑战性的事情时,不能改变你所努力的领域。如果你在钢琴弹得特别好时,丢下钢琴跑去搞数学,这倒是一个新的挑战,但你在弹钢琴这件事情上的成长就戛然而止了。当你达到钢琴十级时,你不满足于重复钢琴十级的曲目,而是去练习更难的,即使高难度的曲子会让你倍感挫折,但是你也迎难而上,这才是向着世界级专家的方向进步。

固定型思维模式的人会在一帆风顺时觉得自己很聪明,而有成长型思维模式的人会在为某件事苦苦挣扎,并在最终找到解决方案的刹那觉得自己很聪明。

当事情不顺利的时候,前者会埋怨整个世界,而后者会想着改变自己。前者会害怕努力尝试,很容易在遇到困境时觉得自己是 loser,而后者永远不会惧怕尝试。

后来,黛珂更是发现,这两种思维方式的差异体现在各个领域里。

在择偶选择上，有成长型思维的人会寻找那些让他们变得更好的伴侣，而固定型思维的人则更愿意寻找比不上他们、让他们觉得更自在的伴侣。而一旦伴侣间的关系出了问题，成长型思维的人会想找到问题之所在，固定型思维的人则会认定"这一定是因为我们不合适，我要是能找到合适的伴侣就好了"。

在商业领域，具有成长型思维模式的 CEO 会不断地寻找新的产品，并不断地寻找优化的方法，而具有固定型思维模式的 CEO 就会缩减研发经费，然后希望从旧有的成功产品中挤出新的利润。

黛珂还发现，一个人的思维模式是可以改变的。

比如，当学生表现得很好时，不是夸奖他们聪明，而是夸奖他们的努力尝试。如此做的好处是：当他们失败时，他们不会归因于"不聪明""笨"等他们觉得自己无法控制的因素，而是将之归因于"我不够努力""我应该多复习"等他们自己可以改变的因素。

诸如此类的做法，可以将固定型思维模式的人"改造"成具有成长型思维模式的人。

采取行动

聪明人常犯的错误是想得太多，做得太少。

你赞同这句话吗？

如果你赞同这句话，请到前面阅读"怀疑，独立思考"那一节。

当你思考了，你就会质疑：如果一个人常犯"想得太多，做得太少"

这样的错误，那他还能算是个聪明人吗？

请深度思考：如果聪明人做得太少，那要怎么判断这个人是个聪明人呢？设想一下，如果爱因斯坦没有写出震惊世界的物理学论文，我们凭什么判断他有着一颗与众不同的大脑呢？既然做得太少就无法判断一个人是否聪明，那又怎么能说这是聪明人常犯的错误呢？

这句话完全经不起推敲啊。

但是，我们还是会说这句话，因为这句经不起推敲的话，是大有用处的。

当有人在解释自己"没有做一件事"的原因时，我们会用这句话来委婉地暗示他是错的。有个经济学博士叫谢国忠，从2004年以来长期看空中国楼市，从各种角度分析了不应买房的原因，而他自己也真的一直租房住……几年后的某一天，黯然神伤的他，感叹自己再也买不起北上广的房子了。这时，因很早就投资房产而身价千万的你，该怎么回答？假设你是他的老同学，恰到好处而又不违良心的台词就是："不要难过，聪明人常犯的错误是想得太多，做得太少。"

当有人夸夸其谈、纸上谈兵的时候，你想表达对此的反感，或者你想嘲讽这种做派，但你又不想承担不欢而散的风险，于是你说："聪明人啊……呵呵，大开眼界……聪明人常犯的错误就是想得太多，做得太少……呵呵，来喝茶来喝茶……"

如果一定要表达"聪明"和"做""行动"之间的关系，不妨这样来表述：不是聪明的人善于行动，而是善于行动才显得聪明。

行动，不仅指经商、做官、投资这些事，还表现在写作、研究、教学、著述、体育竞技等领域。简而言之，不管在哪个领域，你都要通过解决理论性问题或应用性问题，来施展你的聪明。即使当代人无法理解你的聪明，但只要你有行动，多年之后，也能让历史识别出你这个聪明人。

这个话题很容易让人联想到"怀才不遇"。关于"怀才不遇"，网上有这样一段话：常有人说自己"怀才不遇"！其实这世界上基本没有真正"怀才不遇"的人！只要有才，一定会有显露的机会，一定会被发现！只是你是否真的有才？或者是你的才远远不如你其他地方的"不才"？或者因为你的那些"不才"，让人宁可不用你的才。这样的人有很多很多。

没有一辈子怀才不遇的人，但确实有好运和背运之人。同样，也没有一辈子连续好运和连续"背运"之人。连续好运的人一定不仅仅靠运气，他在你看不见的地方一定做了正确的事情！连续"背运"之人一定有可恨之处，他在你看不见的地方一定做了不该做的事情。

有人说这段话是马云说的，但网上有很多人在借成功者之口发言，真伪让人生疑。但是，无论是否出自马云之口，这段话所表达的观点，的确是很有道理。

Chapter 03

聪明人是如何思考的

有3个人去投宿，服务生说要30元，每个人各出了10元，凑成30元。后来老板说今天特价，只要25元。于是叫服务生把退还的5元拿来还给他们。服务生想自己暗藏2元钱，于是就把剩下的3元还给他们。那3个人每人拿回1元，10-1=9表示只出了9元投宿。

9元×3+服务生的2元=29元。

那剩下的1元呢？

面对这道题，你如何思考？先思考一分钟，再往下读。

聪明的办法是把整个活动梳理一遍：3个人开始拿出30元钱，服务生还给他们3元，所以拿出27元。老板得到25元，服务生得到2元。可以用下面的等式表示：25元（老板得到）+2（服务生得到）+3元（找回）=30元。

因此，根本就没有剩下1元钱，如果一定要说是"剩"的，显然是给老板了。像聪明人一样思考，这种题目要骗到你，还真不容易。

理性思考的 4 个步骤

还记得前面讲的比萨饼的故事吗？那就是一个理性思考的例子。下面又有一个问题：

西部荒漠中的汽车旅馆，有一只圆柱形的铁桶，里面盛着半桶左右的汽油。投宿的车主想要用半桶油的价钱买下这些汽油，旅馆老板说桶里的汽油多于半桶，要求车主再加点钱。车主说桶里的汽油少于半桶，按半桶给钱已经不少了。当时周围没有任何测量仪器，而双方却争执不休。怎么办？

运用理性思考，就能找到办法。

第一步：双方争执的焦点是汽油多于半桶还是少于半桶，因此，思考的关键是：如何知道半桶油有多少？

第二步：分析当时情景。汽油装在圆柱形的铁桶里，想想圆柱体的体积公式……如何把圆柱体的体积分成相等的两部分？

第三步：找出可行的方法。先罗列想到的可行方法：①高的一半可等分；②底面积的一半可等分；③对角线可等分。在没有工具的情形下，方法三看上去可行。

第四步：验证方法三。把油桶倾斜，让油恰好到桶边，这时如果桶底完全浸没在油里，说明油超过半桶；如果桶底只露出桶底的最高点，说明油是半桶；如果桶底有露出油面的部分，就说明油不到半桶。

OK！旅馆老板和车主都为这个方法点赞。

理性思考，就是运用理性的思维方式去提出问题、分析问题、解决问题，这是人们在解决问题时最常用的方法。如上例所示，理性思考共有四步。

下面来看一个理性思考的实例。你不要一口气读下去，最好边看边结合上面的四个步骤进行练习，得出自己的结论。

一场大火席卷了大片的森林，一个护林员立即组织了一支由27名志愿消防队员组成的消防队。他把这些人分成几个小组，迅速扑火，并给每个小组发了一个报话机。

他宣布："有一架直升机马上就会在这个地区上空徘徊，如果你们遇到险情，就用报话机告诉这架飞机驾驶员，他会把你们救出来。"然后，他对每个小组讲述了报话机的用法。

后来，当大火终于扑灭后，有一个小组（这个小组有3个人）失踪了。通过努力寻找，护林员在一个山谷里找到了他们被烧焦了的尸体。

由于多方面的原因，如法律责任、保险赔偿、总结教训等，必须找到他们没有得救的真相和答案。下面是详细的分析过程，你可以设身处地地想一想：假如你就是这位护林员（救火的组织者和领导者），你将会怎么做？

第一步，提出一些具体问题。

下面是你可能提出的问题：他们是怎么遇难的？为什么这些人没有得救？

第二步，分析情况，针对问题，展开分析。

针对第一个问题，这位护林员至少应提出四个问题来了解这种情况的信息：

（1）是谁、在什么时间、什么地点，最后一次看见这些人？

（2）飞机驾驶员是否收到了这些人的求救信号？

（3）这个事件是否仅仅是救护计划的失策，或者是其他方面的失策？有没有一些小的过失？

（4）这次救护计划的失策和过去的情况有没有类似的地方？

下面这些问题在此时提出是不妥当的，因为这些提问都是有关事故发生原因的，应该把这些问题放在后面：

（1）当时这些人是否过于惊慌？是否忘记了报话机的使用方法？

（2）是不是大火把报话机烧坏了？

第三步，找出可行的解决方法。一旦找出了问题，搜集了所有有关这次事件的资料，我们就可以开始查找这些人为什么没有得救的原因了。在护林员得知将来怎样防止类似的事故之前，他必须先找到事故发生的原因。

这位护林员了解到如下情况：

（1）飞机驾驶员说，他没有收到这3个人的呼救信号。

（2）人们最后看见他们的时候，他们正徒步翻越一座小山头，朝着后来发现他们尸体的那个山谷走去。

（3）在这些人尸体的旁边发现了报话机的残骸。

（4）另一组消防队员也被周围的火焰困在一个小土丘上，他们用报话机向飞机驾驶员呼救，结果他们得救了。

（5）除此之外，别的消防队员都没有要求救护。

在另外一场火灾中，有一队消防队员被大火烧死，直升机驾驶员报告说没有收到他们的呼救信号，他们的尸体是在两座山丘之间的一条干涸的小溪中发现的。

下面是有关为什么这些人没能得救的五个可能原因：

（1）这些人不知道怎样合理使用报话机。

（2）飞机驾驶员的确收到了这些人的呼救信号，但他之所以说没有，是因为他想推脱救护工作失败的责任。

（3）这台报话机的信号被两座山谷隔断了，因而驾驶员的接收机收不到信号。

（4）这台报话机由于大火的温度影响了性能。

（5）这些人过于惊慌，未能利用报话机求救。

第四步，现在我们应该思考一下，在这些可能的原因中哪个原因最有可能是真实的。

先将每一个答案和第二个步骤中找出的资料进行对比，分析案情。而且，还要用简短的方式提出一个方法，来对我们认为是正确的答案进行证实，判断其是否正确。

最有可能性的是第三个："报话机的信号被两座山谷隔断了，因而驾驶员的接收机收不到信号。"这个答案与所有的资料相符：没有收到求救信号，报话机是在这些人的尸体旁发现的，而且之前的另外一起事故，那些人也是处在类似的地带。

提供的其他答案不很准确，其原因如下：

"这些人不懂得怎样合理使用报话机。"尽管这个答案不能完全排除，但看来是不大可能的。在出发前，护林员给这些人讲述过怎样使用报话机的方法。

"飞机驾驶员的确收到了这些人的呼救信号，但他之所以说没有，是因为他想推脱救护工作失败的责任。"没有任何证据能表示驾驶员没有试图救护这些人。

"这台报话机由于大火的温度而影响了性能。"尽管有这种可能性，但看来不像。这种答案又如何解释在类似的自然环境中出现过两次失败的事故呢？

"这些人过于惊慌，未能利用报话机求救。"这纯属推测。从搜集的资料看，并不能指出这一可能是主要原因。

最明显的事实就是两起悲剧都发生在一个类似的地带，最明显的答案是第三个。当然，也许第三个也不正确。怎么最后确定呢？那就是证实和核实。

让一个人带着报话机来到这些人遇难的地点，让直升机在这个地带上空盘旋，看看其信号是否被阻隔，或在什么地方被隔断。通过解剖尸体查出死亡时间，查出人们最后看见他们的时间，再了解当时驾驶员是否在这个地区。

这样得到的结论，才是最可能、最可靠的结论。这也是理性思考的威力所在。

很多人之所以感到遇事毫无头绪，是因为省略了第一步和第二步，就匆忙进行第三步，而且又往往不进行第四步。

因此，对方法进行最后的检验和证明是正确解决问题不可或缺的重要一步。我们不能在找到解决方法之后就欣喜若狂，从而忽略了最后一步，否则"一着不慎，全盘皆输"。

把现象归纳为结论

奥地利医生彼得在看儿子睡觉时,忽然发现儿子的眼珠子转动起来。他感到奇怪,连忙叫醒了儿子,儿子说他刚才正在做梦。

彼得想,眼珠子转动会不会与做梦有关呢?

于是,他把儿子当成了"试验品":每当儿子睡觉时,他便守在旁边。一旦发现儿子的眼珠子转动,就叫醒儿子,儿子总会说在做梦。

彼得又仔细地观察他的妻子,后来又观察了邻居、他的病人,发现了同样的情况。因此,他写出了论文,指出人睡觉时眼珠转动,表示睡觉者在做梦。

他的论文引起了各国科学家的注意。如今,人们研究梦的生理学,用眼珠子转动的次数、转动的时间,来测量人做梦的次数、梦的长短。

这种用直接观察所取得的结果和今天用脑电波的测试数据是相吻合的。

"人睡觉时眼珠子转动,表示睡者在做梦。"这个结论当时是怎样得来的呢?是这位奥地利医生观察了儿子、妻子、邻居及病人等个别现象后归纳分析得出来的:

儿子睡觉时眼珠子转动,表示在做梦;

妻子睡觉时眼珠子转动,表示在做梦;

邻居睡觉时眼珠子转动,表示在做梦;

病人睡觉时眼珠子转动,表示在做梦;

……

所以人睡觉时眼珠子转动，表示睡觉者在做梦。

"儿子……""妻子……""邻居……""病人……"等都是一些个别的特殊的事例，所以人睡觉时眼珠子转动，表示睡觉者在做梦是从这些个别的特殊的事例中总结出的同一类事物的一般结论。这种由一些个别的、特殊的事例推出同一类事物的一般性结论的思维方法，叫归纳分析法或归纳思考法。这种方法在我们实际生活中的应用十分广泛。

归纳推理是一种由特殊或个别性的前提推导出一般性结论的推理。其推理的一般形式如下：

A 是 G；

B 是 G；

C 是 G……前提；

A、B、C 都是 D；

所以 D 是 G……结论。

推理中的前提是论据，结论是论点。

比如论证"自学能成才"：

高尔基是个人才；

华罗庚是个人才；

张海迪是个人才……论据（前提）；

他们都是靠自学成才的；

所以说自学能成才……论点（结论）。

在实际应用中可以省略陈述，如上边那种形式可变成：高尔基、华罗庚、张海迪不都是自学成才的吗？

归纳推理可分为完全归纳推理和不完全归纳推理。

完全归纳推理，又称完全归纳法。它是通过考察某一类事物中每一个对象的情况，从而概括出关于该类事物情况的一般性结论的推理。

例如，德国数学家弗里德里希·高斯，在10岁时曾迅速而准确地得出老师出的一道算术题的答案。这道题是这样的：

1+2+3+…+98+99+100=？

这道题如果用普通加法计算，得耗费好多时间，而且容易出错。高斯发现，从1到100这些数，两头对称的两个数相加得数都是101。而两头对称的数，在1到100中共有50对。于是他把101×50便得出5050这一答案。在这里，高斯就是用完全归纳推理的方法得出"两头相加为101"这一结论的。

完全归纳推理要求对一类事物的全部个体都进行考察，才能推出结论，这在现实中有很大的局限性。例如，你要得出"甘蔗是甜的"这一结论，如果要用完全归纳推理，就必须品尝所有甘蔗的味道，这是不可能的，也是不必要的。

这时，运用不完全归纳推理就比较合理了。不完全归纳推理亦称"简单归纳法"或"简单枚举归纳推理"。这是只根据部分对象个体具有的某种属性而作出概括的推理方法。具体地说，如果发现某一属性在一些同类对象中不断重复，而又没有遇到与此相矛盾的情况，那就可一得出该类事物都具有某种属性的一般性结论。

例如，在19世纪，人们注意到铜、铁、锡、铅等一些金属能导电，而在实践中又未发现不导电的金属，于是人们便得出了结论：所有金属都能导电。这一结论就是用简单枚举法推出的。

简单枚举的特点是没有列举全部或无法列举全部事例，把仅属于部分对象个体的性质当作全体对象的一般属性作出判断，而且又未通过理论证明，因此结论不一定是可靠的，是非确定性的结论。也就是说，简单枚举的结论可能为真，也可能为假。

因此，在应用简单枚举法时，要注意寻找反面事例。如果发现有与所得结论相矛盾的事例，结论就要被推翻。

例如，在很长一段时间里，人们看到的天鹅是白色的，鱼是用鳃呼吸的，金属是沉于水的，于是通过简单枚举归纳推理得出结论："所有天鹅都是白色的""鱼都是用鳃呼吸的""金属都沉于水"。后来，人们在澳洲发现了黑色的天鹅，在南美发现了不用鳃呼吸的肺鱼，在科学实验中发现了不沉于水的金属（钠、锂），因而上述结论就被否定了。

在简单枚举归纳推理的基础上发展出了科学归纳推理。

科学归纳推理，又称科学归纳法。它是通过考察某类事物中的部分对象，并掌握对象和某种属性的必然联系，特别是事物之间的因果联系，从而概括出关于该类事物一般性结论的不完全归纳推理。

金鸡纳霜的发明就是科学归纳推理的结果。

当年，在厄瓜多尔居住的印第安人中流行一种叫疟疾的急性传染病。患者感觉一阵冷、一阵热，热后大量出汗，头痛、口渴，全身无力。当时无药可用。有一天，一位患者在路上发病，因为口渴难挨，便爬到一个死水坑边喝了那里的水，结果他的病奇迹般好了。于是他把经历告诉别人，其他患者也都去那里喝水，患者的病也纷纷好了。

后来，经科学家考察发现，那个水坑的水中含有奎宁。原来，在那个水坑边上长有金鸡纳树，有的树倾覆在水坑里，树皮里含的奎宁溶解在水中了。正是这些奎宁杀死了患者体内的疟原虫，治好了他们的病。明白了这一科学道理之后，科学家们便发明了治疗疟疾的特效药奎宁，将其命名为金鸡纳霜。

简单枚举归纳推理是知其然不知其所以然，而科学归纳推理是既知其然又知其所以然。因而，科学归纳推理比简单枚举归纳推理的可靠性大一些。

演绎思维法

演绎思维法既可作为探求新知识的工具，使人们能从已有的认识推导出新的认识，又可作为论证的手段，使人们能借以证明某个命题或反驳某个命题。演绎思维法是按照命题之间的必然逻辑联系进行推导的。

演绎思维就是从若干已知命题出发，按照命题之间的必然逻辑联系，推导出新命题的思维方法。运用演绎思维法时，必须使结论与其前提之间有必然的逻辑联系，即断定结论应是断定其前提的必然结果，否则，就不能发挥其作用。

伽利略是先运用演绎推理方法，后运用实验方法推翻了亚里士多德关于物体自由落体运动的速度与其质量成正比的"定理"。他的演绎推理是：假设物体 A 比 B 重得多，如果亚里士多德的论断是正确的话，A 就应该比 B 先落地。现在把 A 与 B 捆在一起成为物体 A+B，一方面因 A+B 比 A 重，它应比 A 先落地；另一方面，由于 A 比 B 落得快，B 会拖 A 的"后腿"，因而大大减慢 A 的下落速度，所以 A+B 又应比 A 后落地。这样便得到了互相矛盾的结论：A+B 既应比 A 先落地，又应比 A 后落地。

有一个工厂的存煤发生自燃，引起火灾。煤为什么会自燃呢？

想一想：一堆煤自燃起来是怎么回事？先查查资料：煤是由地质时期的植物被埋在地下受细菌作用而形成泥炭，再在水分减少、压力增大和温度升高的情况下逐渐形成的。也就是说，煤是由有机物组成的……煤燃烧时要有温度和氧气，如果煤慢慢氧化、积累热量、温度升高，温度达到一定限度时就会自燃。那么，怎么预防煤自燃呢？可以从产生自燃的因果关系出发来考虑预防措施：

（1）煤应分开储存，每堆不宜过大；

（2）严格区分煤种存放，根据不同产地、煤种，分别采取措施；

（3）清除煤堆中诸如草包、草席、油棉纱等易燃杂物；

（4）压实煤堆，在煤堆中部设置通风洞，防止温度升高；

（5）加强对煤堆温度的检查；

（6）堆放时间不宜过久。

对这个问题，我们是从两方面进行思考的：一是从原因到结果，二是从结果到原因。

从以上的介绍来看，无论是科学发现和发明的诞生，或是关于煤发生自燃的原因的推理，都说明演绎思维方法是一种非常有效的推理方法。

类比思维法

类比思维法就是根据两个对象在一系列属性上的相同或相似，由其中一个对象所具有的某种其他属性，推测另一个对象也具有这种其他属性的思维方法。

运用类比法得到的结论具有或然性，不能确保正确无误。为了使结论有较高的可靠性，在运用类比法时，进行类比的两个对象应具有较多的共同属性，它们的共同属性与被推断的属性之间应有较密切的联系。

类比法可广泛运用于日常认识和科学研究。它对于探求新知识、进行发明创造都具有重要作用。科学史上的许多重大发现、发明都曾借助于类比法。类比法也可运用于论证，但只能作为一种辅助手段。

类比法在人们的日常生活中也是常常被运用到的。比如，为了买一样称心如意的商品，人们常要跑几个商店，从商品的价格、功能状况、使用价值和经久耐用的程度等方面进行比较，然后确定是否购买。但这不是类比发明，因为它没有创造，只是在同类产品中挑选好一点的，与我们讲的类比发明法是不同的，这里要求的是在类比中有新的创造。

瑞士著名的科学家阿·皮卡尔就运用类比发明法创造了世界上第一只自由行动的深潜器。皮卡尔是位研究大气平流层的专家，他设计的平流层气球飞到过 15 690 米的高空。后来，他又把兴趣转到了海洋，研究海洋深潜器。尽管海洋和天空是两个完全不同的环境，但水和空气都是流体，因此，阿·皮卡尔在研究海洋深潜器时，一开始就想到利用平流层气球的原理来改进深潜器。

在这以前的深潜器，既不能自行浮出水面，又不能在海底自由行动，而且还要靠钢缆吊入水中。这样，潜水深度将受钢缆强度的限制——钢缆越长，自身重量就越大，也就越容易断裂，所以过去的深潜器一直无法突破2 000米大关。

皮卡尔由平流层气球联想到海洋深潜器。平流层气球由两部分组成：充满比空气轻的气体的气球和吊在气球下面的载人舱。利用气球的浮力，使载人舱升上高空，如果在深潜器上加一只浮筒，不也就像"气球"一样可以在海水中自行上浮了吗？皮卡尔和他的儿子小皮卡尔设计了一只由钢制潜水球和外形像船一样的浮筒组成的深潜器，在浮筒中装满密度比海水轻的汽油，为深潜器提供浮力，同时又在潜水球中放入铁砂作为压舱物，使深潜器沉入海底。如果深潜器要浮上来，只要将压舱的铁砂抛入海中，就可借助浮筒的浮力升至海上，再配上动力，深潜器就可以在任何深度的海洋中自由行动。这样，深潜器就不需要拖上一根钢缆了。第一次试验，他们制作的深潜器就下潜到1 380米深的海底，后来又下潜到4 042米深的海底。皮卡尔父子设计的另一艘深潜器"理雅斯特号"下潜到世界上最深的洋底，成为当时世界上潜得最深的深潜器，皮卡尔父子也因此获得了"上天入海的科学家"的美名。

逆向思维法

传统观念和思维习惯常常阻碍着人们创造性思维活动的展开，逆向思维就是要冲破常规，从现有的思路返回，从相反的方向寻找解决难题的办法。

逆向思维法是指为实现某一创新或解决某一因常规思路难以解决的问题，而采取反向思维寻求解决问题的方法。

该方法是一种科学的、复杂的思维方法，常常表现为对根深蒂固的传统观念的背叛。在运用该方法时一定要对思维对象有全面、深入、细致的了解，依据具体情况具体分析的原则进行，还要求具有敢于离经叛道、敢担风险、勇于创新的精神。

常见的逆向思维方法有：就事物的结果倒过来思维、就事物的某个条件倒过来思维、就事物所处的位置倒过来思维、就事物起作用的过程或方式倒过来思维等。

1820年，丹麦哥本哈根大学物理学教授奥斯特，通过多次实验证实了存在电流的磁效应。这一发现传到欧洲大陆后，吸引了许多人对电磁学进行研究。英国物理学家法拉第怀着极大的兴趣重复了奥斯特的实验。果然，只要导线通上电流，导线附近的磁针立即会发生偏转，他深深地被这种奇异现象所吸引。当时，德国古典哲学中的辩证思想已传入英国，法拉第受其影响，认为电和磁之间必然存在联系并且能相互转化。他想既然电能产生磁场，那么磁场也能产生电。

为了使这种设想能够实现，他从 1821 年开始做磁产生电的实验。很多次实验都失败了，但他坚信，从反向思考问题的方法是正确的，并继续坚持这一思维方式。

10 年后，法拉第设计了一种新的实验，他把一块条形磁铁插入一只缠着导线的空心圆筒里，结果导线两端连接的电流计上的指针发生了微弱的转动，电流产生了！随后，他又设计了各种各样的实验，如两个线圈相对运动，磁作用力的变化同样也能产生电流。

法拉第 10 年不懈的努力并没有白费，1831 年，他提出了著名的电磁感应定律，并根据这一定律发明了世界上第一台发电装置。

如今，法拉第的定律正深刻地改变着我们的生活。

法拉第成功地发现电磁感应定律，是运用逆向思维方法的一个典型代表。

实践证明，逆向思维是一重要的思考能力。个人的逆向思维能力，对全面提高人的创造能力及解决问题的能力具有非常重大的意义。

突破定式思维

有一天，一个美国人的儿子从幼儿园回来，郑重其事地拿出水果刀和一只苹果，说："您知道苹果里藏着什么吗？"做父亲的不以为意："除了果核还能有什么？"儿子就把苹果横切成两半，兴奋地说："看哪，里面有一颗星星。"果然，苹果切面显示出一个清晰的"五角星"图案。这位美国人沉默了，他已吃过多少苹果，却从未发现苹果里还有"星星"这样一个秘密。

这个故事可以让我们领悟到一个道理：只有敢于突破思维定式，才会有质的飞跃和创造性的发现。突破思维定式，才会有创新的思维，我们才可以取得成功，我们才能够在工作、学习和生活中得到巨大的利益，才能够不断走向成功。

突破思维定式，勇于出奇制胜，将有助于开创事业，从而取得巨大的经济效益。据载，足球鞋早在1895年就制造出来了，当时每双重585克。直到20世纪50年代，阿迪达斯公司才对此作了专门研究，发现鞋重与运动员体力消耗关系成正比，从而限制了足球业的突破。而鞋重减不下来主要是因为始终保留了金属鞋头。于是他们大胆摒弃了金属鞋头，设计出重量仅为原来一半的足球鞋。新产品一投放市场，就颇受青睐，供不应求。那么阿迪达斯成功的原因是什么呢？就是因为它突破了人们头脑中无形的思维框架：鞋重无足轻重。阿迪达斯公司打破了习惯性思维的束缚，从而领先一步，创造性地解决了问题，迅速占领了市场。这对于今天企业求创新、求发展是很好的借鉴。

突破思维定式，善于独辟蹊径，同样能在学习中提高效率，取得事半功倍的效果。比如，前文提到的从1加到100，怎么算？老老实实"1+2+3+…"的演算，当然也能得出结果，但有没有简便方法呢？只要动一下脑筋就不难发现其中有50个101，这样很快就准确地算出答案是5 050了。所以，我们解题时可以试用一些新的方法，它可能更简便、更合理。在观察问题时，不妨问一下自己：为什么是这样的？原来就是这样的吗？将来又会怎样？读书时也不一定完全顺着作者的思路走，可以想一下：有没有相反的情况呢？有没有作者未说明白的道理？这样不断独立思考，逐步培养创造欲、探索欲，就能体会到创造的欢乐，提高学习的实效。

由于传统力量和思维定式的作用，不少人容易对生活的各种现象习以为常，从而不会去打破那些思维的定式。而我们只有时时刻刻树立发现问题的意识，这样才能不断有所发现，从而找到创新的入口，得到巨大的收获。相信这些会比发现苹果中的"星星"有价值得多。

在思考问题的过程中，毋庸置疑，人们的观念、思维和认识往往会受到原有知识、经验的影响。这些已知的东西，有时会使解决常规问题方便、快捷、准确、有效，但在面临新问题、新矛盾时，原有的知识和经验有时却派不上用场，而当人们一直陷于固有思维中时，那么那些原有的知识和经验，反而会成为创新的羁绊和阻力，甚至使我们陷入思维误区，掉入思维定式之中，使我们对新问题、新矛盾一筹莫展。

而人的思维受阻，往往是太遵守常规和逻辑，太墨守成规，害怕触犯规则，不敢越雷池一步，把自己的观念与思维囚禁在旧模式的框架中。所谓的创新，就是要学会放弃，突破常规，跳出框外去求新、求异、求变，放弃已知的东西，把心智的杯子空出来，以便装进新的东西，用新的观点、新的角度去看待事物，形成自己独有的、与众不同的思维方式。正如法国生理学家贝尔纳所说："构成我们学习的最大障碍是已知的东西，而不是未知的东西。"如果哥白尼执着于托勒梅的"地心说"，就不会有"日心说"的产生；如果伽利略迷信亚里士多德的"落体理论"，就不会有伽利略"落体学说"的诞生；如果爱因斯坦把自己框定在牛顿的经典力学框架中，就不会有"相对论"的问世。

因此，当我们陷于已有知识的束缚中时，如果我们能够跳出框外，摆脱传统习俗和经验规则的约束，进行另一番思考，就会有一片更灿烂的天空。就如同鸟儿飞出了鸟笼，飞船挣脱了引力……此时我们就可以突破思维定式，展开联想、发散思维，进行创新，也许我们就能达成所愿了。

相反，假如我们陷入了思维定式，把思维定在那儿了，让思维钻进了牛角尖，出不来，那我们的创新思维也就不可能展现出来。思维定式产生的原因就在于我们的社会存在着一些权威，权威说过了，我们就没法再说了，于是思维就定在那儿，而这个权威有时候会把我们引入一些误区。

有一个小学的老师，给小学生出了一个考题：在一条船上有75头牛，有32只羊，问船长的年龄有多大。抽样调查的结果是：一个班有百分之七八十的人，都是75头牛减32只羊，得出船长43岁。而实际上呢，我们仔细想想，船长的年龄和那些给出的已知条件明显是毫无关系的。可是在小学生的思维里，老师出的题目肯定会有它的解法，于是他们开始动脑筋了，他们一相加，75加32是107岁。一想107岁能开船吗？早就退休了。他们一除，75除32，2点几岁。又一乘，2 000多岁，他们开始动脑筋了，那不是只有用减法了？于是75头牛减32只羊等于43，43岁这样的答案就出来了。这其实是思维定势造成的。

有一句经典的话叫作"思维一旦进入死角，其智力就在常人之下"。所以，如果我们要想有创新思维，就必须把思维定式打破。而一旦思维定式被我们打破了，我们就可以得到一些创新性的东西，甚至可以得到巨大的经济效益和精神力量。

日本的东芝电气公司1952年前后曾一度积压了大量的电扇卖不

出去，7万多名职工为了打开销路，费尽心思地想了不少办法，依然进展不大。有一天，一个小职员向当时的董事长石坂提出了改变电扇颜色的建议。在当时，全世界的电扇都是黑色的，东芝公司生产的电扇自然也不例外。这个小职员建议把黑色改为彩色。这一建议引起了石坂董事长的重视。经过研究，公司采纳了这个建议。第二年夏天，东芝公司推出了一批浅蓝色电扇，大受顾客欢迎，市场上还掀起了一阵抢购热潮，几个月之内就卖出了几十万台。从此以后，在日本以及在全世界，电扇就不再是一副统一的黑色面孔了。

现在我们来想一想，只是稍稍地改变了一下颜色，大量积压滞销的电扇，几个月之内就销售了几十万台。这一改变颜色的设想，效益竟如此巨大。而提出它，既不需要有渊博的科技知识，也不需要有丰富的商业经验，为什么东芝公司其他的几万名职工就没人想到、没人提出来？为什么日本以及其他国家的成千上万的电气公司，以前都没人想到、没人提出来？这显然是因为，自有电扇以来颜色就是黑色的。虽然谁也没有规定过电扇必须是黑色的，但彼此仿效，代代相袭，渐渐地就形成了一种惯例、一种传统，似乎电扇都只能是黑色的，不是黑色的就不能称其为电扇。这样的惯例、常规、传统，反映在人们的头脑中，便形成一种心理定式、思维定式。时间越长，这种定势对人们创新思维的束缚力就越强，要摆脱它的束缚也就越困难，越需要做出更大的努力。东芝公司这位小职员提出的建议，从思考方法的角度来看，其可贵之处就在于，他突破了"电扇只能漆成黑色"这一思维定式的束缚。

突破思维定式，换个角度考虑问题，一切"死结"也就迎刃而解了，我们就能迎来柳暗花明的全新天地。司马光打破常规，用砸缸的方式成功地救出落水玩伴；哥伦布磕破蛋壳成功地把鸡蛋竖在桌子上；美国小男孩横切苹果"意外"地发现神奇而美丽的五星图案；袁隆平不迷信科学界所谓杂交水稻是天方夜谭的定论，坚持进行水稻杂交试验，最终研制出水稻的杂交品种，让占世界人口1/4的中国人填饱了肚子，他也由此成为"杂交水稻之父"……所有的这些例子都说明了，只要我们敢于去打破常规，另辟思维的新路径，我们就可以解决所遇到的问题，同时也可以让我们不断获得进步，不断充实自己，不断对自己的脑子进行洗礼，装进许多新的东西。只有这样，我们才可以不断取得成功。

思维技能训练

思维训练是目前世界上最流行也是最有效的智力开发方法，不过它并不是现代独有的专利，目前的思维训练是建立在最新的思维科学成果和古代的头脑训练术基础上的。早在古希腊时期，著名的哲学家苏格拉底就创造了有名的"头脑助产术"。

据史料记载，苏格拉底相貌丑陋，不修边幅，整日在市场上闲逛。古希腊的市场上不仅卖物品，也卖思想。经常有人站在市场中面对观众发表演讲。有一天，苏格拉底遇到一位年轻人，正在宣讲"美德"。

苏格拉底装成无知的模样，向年轻人请教："请问，什么是美德呢？"那位年轻人不屑地答道："这么简单的问题你都不懂？告诉你吧，像不偷盗、不欺骗之类的品行都是美德。"

苏格拉底仍然假装不解地问："不偷盗就是美德吗？"

年轻人肯定地答道:"那当然啦,偷盗肯定是一种恶德。"

苏格拉底不紧不慢地说:"我记得在军队当兵的时候,有一次接到指挥官的命令,我深夜潜入敌人的营地,把他们的兵力部署图偷出来了。请问,我这种行为是美德,还是恶德?"

年轻人犹豫了一下,辩解道:"偷盗敌人的东西当然是美德。我刚才说不偷盗,是指不偷盗朋友的东西,偷盗朋友的东西肯定是恶德。"

苏格拉底依然不紧不慢地说:"还有一次,我的一位好朋友遭到天灾人祸的双重打击,他对生活绝望了,于是买来一把尖刀藏在枕头底下,准备夜深人静的时候用它结束自己的生命。我得知了这个消息,便在傍晚时分偷偷溜进了他的卧室,把那把尖刀偷了出来,使他得免一死。请问我这种行为究竟是美德,还是恶德?"

那位年轻人终于惶惶然地承认自己无知,拱手向苏格拉底请教"什么是美德"。

苏格拉底把自己的这种思维训练法称为"头脑助产术"。意思是说,正确的观念本来就在你自己的头脑中,但是你在挖掘的时候不得要领。苏格拉底不过采用了一些正确方法,使它们得以顺利地"分娩"。

思维教育的核心或思维训练的核心是把大脑的思维当作一种技能来进行训练,就像是训练绘画技能、口才技能、运动技能一样。思维的本能不等于思维的能力,任何一种能力的形成都是反复的技能性训练的结果。没有人生来就会说话?尽管人有说话的本能。也没有人天生就知道该如何思维,这些能力都是在后天的训练中培养出来的。而要想不断地提高自己的思维能力,就必须把思维视为一种技能反复训练。正如卓别林说过:"和拉提琴或弹钢琴相似,思考也是需要每天练习的!"

Chapter 04
聪明人是如何解决问题的

管理顾问姜汝祥博士在《请给我结果》这本书里讲了一个故事：

总经理把小王、小李、小张3个人同时找来，然后对他们说："现在请你们去调查一下停泊在港口边的船。船上毛皮的数量、价格和品质，你们都要详细地记录下来，并尽快给我答复。"

1个小时后，他们3人都回来了。

小王先做了汇报："那个港口有一个我的旧识，我给他打了电话，他愿意帮我们的忙，明天给我结果。我为了保证明天让他给我结果，我准备今晚请他吃饭，请您放心，明天一定给您结果。"

接着，小李把船上的毛皮数量、品质等详细情况给了总经理。

轮到小张的时候，他首先重复报告了毛皮数量、品质等情况，并且将船上最有价值的货品详细记录了下来。然后表明，他已向总经理助理了解到总经理的目的，是要在了解了货物的情况后与货主谈判。于是，他在回程中，又打电话向另个两家毛皮公司询问了相关货物的品质、价格等。

在上面的故事中，小张显然是现在众多公司喜欢的员工类型。因为他不仅是去做任务，不仅是做老板"吩咐"他做的事，而且更懂得老板和公司"吩咐"他做事的目的。

能给老板提供他想要的结果，而不是完成任务的过程。这就需要你能解决问题！

老板请你来是解决问题而不是制造问题；如果你不能发现问题或解决不了问题，你本人就是一个问题；你能解决多大的问题，你就坐多高的位子；你能解决多少问题，你就能拿多少薪水；让解决问题的人高升，让制造问题的人让位，让抱怨问题的人下课。这些话，是不是句句震撼，直接说到了你的心坎上呢？

善于提出问题

聪明人总是知道所有问题的答案吗？

NO！

事实上，聪明人并不是知道答案，而是他们总是向周遭的世界发问，善于寻求问题的答案。

苏格拉底曾说过："问题是接生婆，它能帮助新思想的诞生。"

爱因斯坦曾说过："提出问题比解决问题更重要。"

中国古人说："学源于思，思源于疑"。

请记住这三句话。

现代管理学之父彼得·德鲁克，在管理界是受人尊敬的思想大师。他在世时，比尔·盖茨、杰克·韦尔奇等世界500强的企业领导经常向他寻求智慧，而他谙熟上面三句话背后的哲理。

韦尔奇在1981年成为通用电气（GE）的CEO时，接手的是一个业务庞杂的超级多元化企业，他深刻地感知如果不尽快进行改革，通用电气将沦为一个二流的企业。他希望聆听德鲁克的教诲，但德鲁克并没有现成的方案给他，只是问了他几个问题。

德鲁克问韦尔奇："如果你今天还没有进入这一业务领域，你会投入资源来争取进入吗？"这个问题启发韦尔奇为通用电气的每个业务单元制定了必须在行业内处于"数一数二"的位置，不然就卖掉或者关掉的规则。

德鲁克又问韦尔奇："如果你的客厅闲着，你能不能把它借给别人用一用呢？"这个问题帮助韦尔奇认识到通用电气公司与其他组织合作的潜力，开始了"无边界管理"[①]的实践。

德鲁克认为：优秀的领导人给出答案，而伟大的领导人提出问题。为了帮助领导人在管理别人的同时，能够管理好自己，他提出了五个问题：

（1）我是谁？什么是我的优势？我的价值观是什么？

（2）我在哪里工作？我属于谁？我是决策者、参与者还是执行者？

---

① 杰克·韦尔奇从1981年开始再造GE，提出了"无边界管理"的理念：将各个职能部门之间的障碍全部消除，工程、生产、营销以及其他部门之间能够自由流通，完全透明；"国内"和"国外"的业务没有区别；把外部的围墙推倒，让供应商和用户成为一个单一过程的组成部分；推倒那些不易看见的种族和性别藩篱；把团队的位置放到个人前面。经过多年的重组、收购以及资产处理，无边界变成了GE社会结构的核心，也形成了区别于其他公司的核心价值。

（3）我应做什么？我如何工作？会有什么贡献？

（4）我在人际关系上承担什么责任？

（5）我后半生的目标和计划是什么？

如果你在网上搜索，你会发现东软集团总裁刘积仁、阿里巴巴副总裁卫哲等人都运用"德鲁克经典五问"剖析过自己的迷惑，找到了自己想要的答案。

运用分析框架

如果提问是解决问题的一个途径，那么如何提出问题，就是非常关键的一步。

发现问题、提出问题的一个好方法，是使用分析框架。

德鲁克的经典五问，就是一个分析框架，运用这个分析框架，能够帮助你针对自己的情况，发现和提出有价值的问题。

心理学家戈夫曼将框架定义为人们用来感知和解释社会生活经验的一种认知结构，即将个人生活经验转变为认知时所依据的一套规则。

如何成为一个有钱人？这是一个困惑了许多人的问题，但是很少有人能够建立一个分析框架去帮助自己解决它。

如何成为一个有钱人？首先是要增加收入，其次是要减少开支。当收入大于开支后，就有了储蓄，然后才能用于投资理财，才能用钱赚钱变得更富有。有了这样一个基本的分析框架后，你就可以提出更多的"聪明"问题，直到明白该怎样行动。

你思考的问题，别人也思考过。因此通过读书和学习，你可以学习到别人的分析框架。

例如，美国人查理斯·卡尔森也为"如何成为一个有钱人"这个问题所困惑，他通过对美国 170 名百万富翁进行系统的访问、调查，从他们的致富经验中，归纳出了成为百万富翁的八个步骤。

第一步，现在就开始投资。没钱投资怎么办？卡尔森建议投资者强迫自己立即将收入的 10%~25% 用于投资；没时间投资怎么办？那就立即减少看电视的时间，把精力花在学习投资理财知识上；担心股价太高怎么办？别忘了股价永远会有新高。

第二步，制定目标。这个目标既可以是为小孩准备好大学学费、买新房子或是 50 岁以前攒足退休费。总之，任何目标都可以，但必须要定个目标，全力去完成。

第三步，把钱花在买股票或股票基金上。美国人认为买股票能致富，买政府公债只能保住财富。百万富翁的共同经验是：别相信那些黄金、珍奇收藏品等玩意儿，把心放在股票上，这才是建立财富的开始。从长期趋势来看，股票年均报酬率是 11%、政府公债则略高于 5%。

第四步，不要眼高手低。百万富翁并不是因为投资高风险的股票而致富，他们投资的是一般的绩优股。

第五步，每月固定投资，投资必须成为习惯，成为每个月的"功课"。不论投资金额有多少，只要做到每月固定投资，就足以使你的财富超越美国 2/3 以上的人，因为他们平常只想到消费，到老才想到投资。

第六步，买了股票要长期持有。调查显示，大约 3/4 的百万富翁买股票至少要持有 5 年以上。股票频繁买进卖出，不仅冒险，还得付交易费、券商佣金等。这样一来，交易越多反而越不会使你致富，只会令交易商致富。

第七步，把税务局当作投资伙伴。厌恶税务局的思想并不可取，只有把它当成自己的投资伙伴，并随时注意新的税务规定，善于利用免税规定进行正当的投资理财，使税务局成为你致富的助手，才是正面的做法。

第八步，限制财务风险。百万富翁大多都能量入而出，买现成的西装，开普通福特车，在平价商场购物，他们通常都不爱频繁换工作，不生一大群孩子，不搬家。生活没有太多意外——稳定性是他们的共同特色。

上面这八个步骤可以帮助你形成一个分析框架，你可以对照自己的情况，提出问题，找出答案，指导自己的行为。

聪明人常用的分析框架

世界排名第一的管理咨询公司麦肯锡公司，被称为世界 500 强企业的"经理人摇篮"。因为刚毕业的年轻人在麦肯锡的平均工作时间是 3~5 年，然后就会被挖到别的企业去做管理工作。

"麦肯锡人"为什么在世界顶尖公司大受欢迎？麦肯锡资深培训师大岛祥誉在《麦肯锡工作法》中透露了一个秘密：麦肯锡积累了大量的分析模型，例如解决竞争问题的 3C 模型、解决战略问题的 7S 模型、解决沟通问题的金字塔原理等，新人入职后通过学习这些模型，具备了解决企业重要问题的能力。其中，最重要的是形成了建立分析框架、运用分析框架的工作习惯,因而"麦肯锡人"能在同龄人中脱颖而出。

下面推荐一些聪明人常用的分析框架。

1. 如何管理时间

著名管理学家柯维提出了一个时间管理的分析框架,把工作按照重要和紧急两个不同的程度进行了划分,基本上可以分为四个"象限":既紧急又重要、重要但不紧急、紧急但不重要、既不紧急也不重要。这就是关于时间管理的"四象限法则",如图所示。

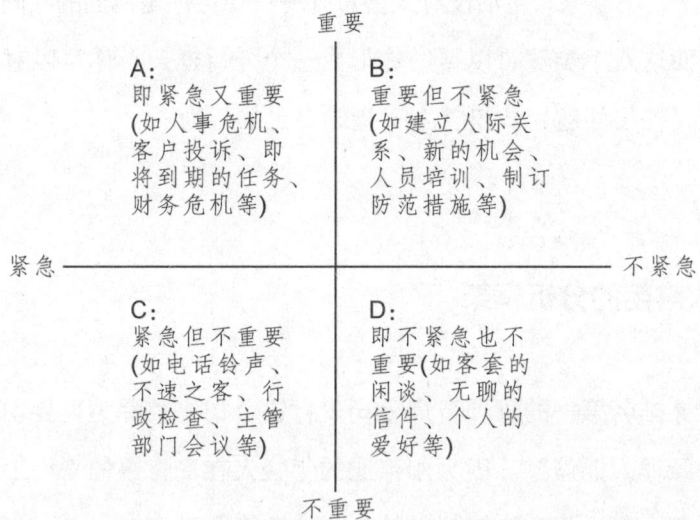

A象限是紧急而重要的事情,每一个人包括每一个企业都会分析判断那些紧急而重要的事情,并把它优先解决。D象限是既不紧急,又不重要的事情,有志向而且勤奋的人断然不会去做。B象限和C象限最难以区分,C象限对人们的欺骗性是最大的,它很紧急的事实造成了它很重要的假象,耗费了人们大量的时间。走出毫无意义的C象限，把有限的时间投入到重要的 B 象限去，不要再在 C 象限做那些紧急但是不重要的无聊事情了。

2. 如何选择和放弃

很多时候，决策就是选择和放弃。如何选择？如何放弃？解决此类问题，可以只用 SWOT 分析框架。

首先，分析你和企业具有哪些优势资源和劣势资源？S（strengths）是优势，W（weaknesses）是劣势。

其次，你和企业所处的外部环境有哪些有利因素（机会）和不利因素（威胁）？O（opportunities）是机会，T（threats）是威胁。

如此，就可以建立一个 SWOT 分析框架，如图所示。

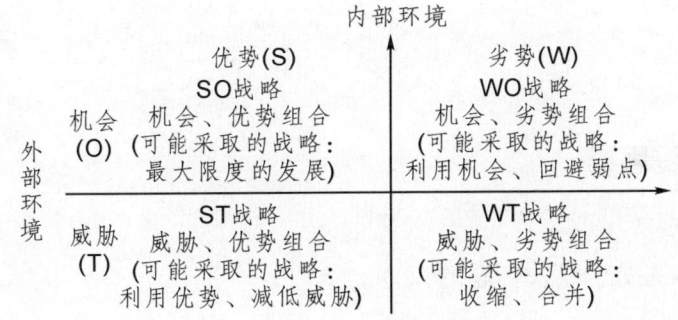

运用 SWOT 分析框架，调查列举出内部的优势、劣势和外部的机会和威胁后，把各种因素相互匹配起来加以分析，从中就可以得出一系列相应的结论。例如选择"S-O"的组合——"有能力做的"（即组织的优势）和"可能做好的"（即环境的机会）；放弃"W-T"的组合——"没能力做的"（即组织的劣势）和"没可能做好的"（即环境的威胁）。

3. 5W+1H 万能分析框架

1932 年，美国政治学家拉斯维尔提出"5W 分析法"，后来经过人们的不断运用和总结，逐步形成了一套成熟的"5W+1H"模式。该模式通过连环发问找到解决问题的答案，是适用于大部分问题的万能分析框架。

对象（What）——什么事情？

场所（Where）——什么地点？哪个环节？

时间和程序（When）——什么时候？

人员（Who）——谁对此负责？谁来做？

为什么（Why）——什么原因？

方式（How）——如何做？

运用系统思维

笨人是如何解决问题的？

我们常用"头疼医头，脚疼医脚"来描述他们。

能不能把要解决的问题联系起来进行观察和分析，进而运用系统思维去解决，是判断聪明人和笨人的一个标准。

系统思维是在考虑解决某一问题时，不是把它当作一个孤立、分割的问题来处理，而是当作一个有机关联的系统来处理。

宋代符祥年间，皇宫发生火灾，要进行皇宫修复工程。当时需要解决"取土""外地材料的运送""被烧坏皇宫的瓦砾处理"三大问题。

主管该工程的是大臣丁渭。他在皇宫前的大街上挖沟取土，免去到很远的地方取土。很快，路就挖成了大沟，然后丁渭又让汴河决口，将水引进壕沟。于是各地运来的竹木都被编成筏子，连同船运来的各种材料，都通过这条水路运进来。皇宫修复后，他又让大家将拆下来的碎砖瓦连同火烧过的灰，都填进沟里，重新修成大路。经过这一处理，不仅节约了大量时间，还节省了大量的经费。

丁渭智修皇宫，就是充分把握各个要素之间的相生关系，使系统向有序和互相促进的方向发展，同时又把握了系统要素的相克性质，促使其向反面演化，最终达到最理想的效果。

都江堰水利工程是由鱼嘴、飞沙堰和宝瓶口三项主体工程和120多个附属渠堰工程组合而成的。位于江中的鱼嘴犹如一把利剑将岷江一分为二，让靠近内江的水直泻宝瓶口，流灌川西平原；而宝瓶口又迫使岷江之水自西向东穿山而过，排洪、防旱；飞沙堰使内江之水平时逼进宝瓶口，洪水时溢过堰顶回流入外口，避免内江灌溉受灾。三大主体工程同120多个附属渠堰工程既分工又合作，各自发挥独特作用，使整个工程具有调节水势、灌溉良田、飞水防洪、飞沙防涝的多种功能，达到了变水患为水利，造福人民，发展生产，调节生态平衡的总目的，堪称系统工程的杰作，也是运用系统思维解决问题的典范。

系统思维是"看见整体"的一项修炼，它是一种思考框架，能让我们看到相互关联的非单一的事情，看见渐渐变化的形态而非瞬间即逝的一幕。这种思维方法可以使我们敏锐地预见到事物整体的微妙变化，从而对这种变化制定相应的对策。

在美国航空公司营运状况仍然良好的时候，麻省理工学院系统动力学教授约翰·史德门就预言其必然倒闭,果然不出其所料,2年后这家公司倒闭了。史德门教授并没有很多精确的数据,他只是运用了系统思考法对这家航空公司的"内部结构"进行了观察。他发现这家公司组织内部一些因果关系还未"搭配"好,而公司的发展又太快了,当系统运作得越有效率,环扣得越紧,越容易出问题,走错一步,满盘皆输。史德门之所以能够看出问题的本质,就是因为他运用了整体动态思考方法,透过现象看到了问题的本质。

自20世纪40年代以来,运用系统思维方法已在解决许多复杂的大系统工程中发挥了重要的作用。例如,美国的"阿波罗登月计划",以及卫星系统工程、环境生态问题、城市规划系统等,都需要借助系统思维方法解决问题。而面对信息爆炸、科技飞速发展的时代,认识和掌握系统思维方法,培养和发展系统思维能力,对创建成功的事业依然有着不可估量的作用。

头脑风暴,群体思考

"倘若你有一个苹果,我也有一个苹果,而我们彼此交换这两个苹果,那么你和我仍然是只有一个苹果。但是,倘若你有一种思想,我也有一种思想,而我们彼此交流这种思想,那么我们每个人将各有两种思想。"

品味萧伯纳的名言,我们有何感想?

开会是一种集思广益的办法,但并不是所有形式的会议都能达到让人敞开思想、畅所欲言的效果。美国创造学家 A.F. 奥斯本提出:"让头脑卷起风暴,在智力激励中开展创造!"同时他还提出了一套能有效地实现信息刺激和信息增值的操作规程,被称为头脑风暴会议。

有一年,美国北方格外严寒,大雪纷飞,电线上积满冰雪,大跨度的电线常被积雪压断,严重影响通讯。

过去,也有许多人试图解决这一问题,但都未能如愿。后来,电讯公司经理应用奥斯本发明的头脑风暴法,尝试解决这一难题。他召开了一种能让头脑卷起风暴的座谈会,参加会议的是不同专业的技术人员,要求他们必须遵守以下四项基本原则:

第一,自由思考。即要求与会者尽可能解放思想,无拘无束地思考问题并畅所欲言,不必顾虑自己的想法或说法是否"离经叛道"或"荒唐可笑"。

第二,延迟评判。即要求与会者在会上不要对他人的设想评头论足,不要发表"这主意好极了!""这种想法太离谱了!"之类的"捧杀句"或"扼杀句"。至于对设想的评判,留在会后组织专人考虑。

第三,以量求质。即鼓励与会者尽可能多而广地提出设想,以大量的设想来保证质量较高的设想的存在。

第四,结合改善。即鼓励与会者积极进行智力互补,在增加自己提出设想的同时,注意思考如何把两个或更多的设想结合成另一个更完善的设想。

按照这种会议规则,大家七嘴八舌地议论开来。

有人提出设计一种专用的电线清雪机;有人想到用电热来化解冰雪;也有人建议用振荡技术来清除积雪;还有人提出能否带上几把大

扫帚，乘坐直升机去扫电线上的积雪。对于这种"坐飞机扫雪"的设想，大家心里尽管觉得滑稽可笑，但在会上也无人提出批评。相反，有一个工程师在百思不得其解时，听到用飞机扫雪的想法后，大脑突然受到冲击，一种简单可行且高效率的清雪方法冒了出来。他想，每当大雪过后，出动直升机沿积雪严重的电线飞行，依靠高速旋转的螺旋桨即可将电线上的积雪迅速扇落。他马上提出"用直升机扇雪"的新设想，顿时又引起其他与会者的联想，有关用飞机除雪的主意一下子又多了七八条。不到 1 个小时，与会的 10 名技术人员共提出 90 多条新设想。

会后，公司组织专家对设想进行分类论证。专家们认为设计专用清雪机，采用电热或电磁振荡等方法清除电线上的积雪，在技术上虽然可行，但研制费用大、周期长，一时难以见效。那种由"坐飞机扫雪"激发出来的几种设想，倒是一种大胆的新方案，如果可行，将是一种既简单又高效的好办法。经过现场试验，电讯公司发现用直升机扇雪真能奏效，一个久悬未决的难题，终于在头脑风暴会中得到了巧妙的解决。

从上例可见，所谓头脑风暴会，实际上是一种智力激励法。这种方法的英文表达是 brain storming，奥斯本借用这个词来形容会议的特点是让与会者敞开思想，使各种设想在相互碰撞中激起脑海的创造性"风暴"。

奥斯本在发明"头脑风暴"这种集思广益的创造技法后，马上在美国得到推广，日本人也相继效法，使企业的发明创造与合理化建议活动硕果累累。如今，头脑风暴已经成为很多公司和政府机构最为常用的集思广益方法，没有之一。

找到问题背后的问题

有一些问题，如果你想解决它，就必须了解它背后的过程和隐藏的问题。

有人提出了一个问题：如何才能在去掉跳蚤腿的同时，使它不变聋呢？

嗯……嗯？

这个人为什么会提出这个问题呢？调查之后，原来是这样的：这个人是一个生物专业学生，他在观察跳蚤的跳跃动作。他对它说："跳。"跳蚤一下子蹦到了相当于它身高500倍的高度。他去掉了跳蚤的一条腿，然后对它说："跳。"跳蚤蹦到了相当于它身高400倍的高度。接着，他将跳蚤的腿一条一条都去掉了。当他将跳蚤所有的腿都去掉后并命令它"跳"时，跳蚤一动也不动了。于是他在他的笔记本上写道："如果将跳蚤的腿去掉，它就变成了一个聋子。如何才能在去掉跳蚤的腿的同时使得它不变聋呢？"

类似的问题屡见不鲜。

有人来向你报告："销售部的人对新产品上市不关心！"这是一个问题。如果你直接去解决销售部如何关心新产品上市的问题，你很可能解决不了。这时你要做的，是去调查这个问题背后的问题。也许最终问题是：研发部如何及时向销售部提供新产品信息？

如果不去挖掘问题背后的问题，就容易轻率地得出错误的结论。

例如，你买了很多书，上了很多课，结果还是不会做事。你会得出一个结论："读书没用。"事实上，问题背后的问题是：你应该如何有效地读书和学习？

再如，你是一位母亲，同时你又有自己的工作。那么，你如何才能完成日常的购物活动？事实上购物本身并不是一个问题。如果你不知道如何在离开办公室和接孩子放学之间挤出购物的时间，那么购物对你而言就成了一个问题。

因此，你必须记住一个黄金法则："找到了真正的问题所在，就等于问题解决了一半。"

Chapter 05
聪明人是如何记忆的

一个人能记住的东西越多越牢，就越聪明吗？

1921年春，爱因斯坦携妻子到美国为犹太族青年创办一所大学募捐。当时有美国记者来见他，向他提出了许多问题，如"您记得声音的速度是多少吗？""太阳的时空弯曲有多大？"等等，有的干脆直截了当地问他："你认为如何记忆，才能记下许多枯燥的内容？"

爱因斯坦知道这些人在考查自己的记忆力，于是很愉快地回答道："你们问我声音的速度是多少？现在我很难确切地回答你们，必须查查辞典，才能回答。因为我从来不硬记辞典上已经印有的东西。我的记忆力是用来记忆书本上还没有的那些东西。"

接着他说："我还在上学的时候，对那种填鸭式的教育就非常不满意，譬如硬要学生死记那些事件、人名、公式等，其实要想知道那些东西，从书本上是可以翻到的，根本不用上什么大学。"

不搞包罗万象的死缠烂打，只做重点记忆，这是许多学者、科学家的共同主张。巴乌斯托夫斯基有句名言："记忆，好像是一个神话里的筛子，筛去了垃圾，却保留了金沙。"

这才是聪明人的记忆方式。

从信息到记忆的 3 个步骤

看、听、摸……你先识别外部信息，然后记住它，最后你还能想得起来，这就是从信息到记忆的 3 个步骤：识记信息—存储信息—唤醒信息。

记住任何东西的第一个步骤都是识记。

下课铃声响了，老师在布置课后作业，回家后，你发现你竟然不知道老师到底让做哪些习题。你忘记了要做哪些作业？错！你并没有忘记，而是你根本没记住老师说的话。你听到了老师在讲却没有记下，因为当时你只顾着准备下一节课的作业检查。你没有留意，又怎么可能记得住呢？

第一步：识记。

识记是一种输入形式。如果你因为没有注意而没有输入，即没有将信息存进大脑，那就等于没有记忆的对象。又怎么去记忆呢？记录你想要记住的东西是十分重要的。要知道，在大多数情况下，我们记不住别人的名字是因为没有注意。

注意力集中是记录的另一种方式。不要分散注意力，不要焦虑，心情放松，这些因素都能使你注意力集中。如果你记不住，不要责怪你的记忆，只能怪你做不到注意力集中。

第二步：存储和保持。

如果你记录下名字、事实和技术，你就得把他们储存下来为将来备用，这种有效的储存就叫保持。

比如，你星期四晚上有个重要的聚会，你就把这条信息储存下来。你的记忆好比是一个仓库，你把一些事件储存在你的记忆库中，可是想象一下，要在这个仓库中找出那张记录你的约会地点和时间的小纸片，何其艰难？但你又不能把所有的东西都堆进去，因此我们需要一些设施来帮助我们记忆事先已存储起来的一些信息。所以，井井有条的人总是比没有秩序的人能更好地记忆信息。

如果恰好星期四晚上你妈妈要去打保龄球。"我可以等妈妈走后再去聚会。"这样，你通过把约会时间和你妈妈打保龄球联系起来，就很容易地记住了这件事。记忆的保持，可以通过观察、联系和重复来加强。假想记住一个名词、价格、姓名，回忆一两遍还不能做到很好保持，就必须不断练习、回顾才能准确记住。有规律地经常运用一些信息也是有效记忆的方法。比如，能同时抛 3 个球的艺人，不是一掌握这个技艺就停止训练了，他仍然继续练习，希望能够保持并且提高。如果你想保持记忆的话，你就应该经常回忆已记录下的信息。

第三步：唤醒和检索。

这一步就是常说的"想得起来"，是指找出记忆库中储存的信息的过程。当我们记得一件事，把它从记忆中搜寻出来，这时如果我们的记忆是分门别类的，就像我们当初井井有条地储存它们时那样，这个搜寻的过程就会容易得多。

比如，你和你的朋友都很喜欢看的一部电影叫《歌剧院的幽灵》，在你的记忆中，这部电影的名字可能会与歌剧或是你朋友的名字联系在一起。当你想回忆起这部电影时,你朋友的名字可能就为你提供了一个很好的线索,这种搜寻线索的功能,其实和图书管理员通过记忆关键字来查询资料的"检索"是一个道理。

记得住,想得起

回到记忆的 3 个步骤来看,怎样才能记得快、记得住呢?这里推荐几种信息整理法,让你的记忆卓有成效。

1. 找一个有趣的角度

对你要记住的东西感兴趣至关重要,你不能期望你读到或看到的东西都会自动进入你的记忆。如果你在读书,或在与人交谈,试着找出有趣的角度和事情。你越感兴趣,信息在你的脑中就会粘得越牢固。如果你在读一本很难的书,你也许会突然想起要去买一些很重要的东西。避免这种分散精力的方法是:在看书时,在一边放一支笔和一张纸,如果你突然想起别的事情,写在纸上,这样你就不会再去想它,而会让注意力重新回到你正在读的书上。

2. 集中精力

注意力也会受兴趣的影响,去注意那些让你感兴趣的事。我们的记忆中漂浮着很多零散的信息,他们都在互相竞争,想在短期记忆中占有一席之地。我们短期记忆的储存量很小,如果我们对某条信息稍微不注意,它也许永远不会成为记忆。我们必须将那些重要信息转为永久记忆,然后把注意力转向他们,逐渐加深印象。

3. 添加细节

细节联系也是记忆编译信息的一种方法。比如，有人介绍许凤给你认识，那么你在与她谈话的过程中就会给许凤这个名字加入另外一些信息：她姓许，头发染成了棕色，她戴眼镜，她在北京大学读法律专业，她的名是凤而不是枫，等等。你联系的细节越多，对这个名字的印象就越深。

4. 建立联系

联系起你已经知道的东西。我们经常把新信息与旧信息不自觉地联系起来。比如，有人介绍王老板给你认识，可以把这个人和你已经认识的小学同学王某联系起来。他们都姓王，还有什么相似之处？他们的发型、脸形、身高、声音都有什么不同，等等。

5. 弄清目的和意义

在记忆之前，弄清楚你为什么要记住这些事，有什么意义。这些有助于你记得牢、想得起。

6. 回忆和重复

时时回忆，时时重复，时时练习。你不能期望只见到某件东西或某个人一次，就苛求自己下次马上能回忆起来，你必须坚持隔一段时间就回忆一次以加深记忆。

"过目不忘"是训练出来的

有一个以"保持完整的记忆"著称的前苏联人，关于他那记忆力的优越程度有过如下一个插曲：据说他在讲完了 15 年前那日发生的一件事后，还问道："需要说出当时的详细时刻吗？"

前苏联心理学家亚历山大·鲁利亚教授对他进行了数年的研究，结果发现他的大脑结构和功能与普通人并没有差异，他之所以具有超人的记忆力，是基于他在幼年时就自然地掌握了记忆身边发生事情的方法。

在舞台上表演记忆术的人之中，竟有人能把平均每隔 2 秒内得到的一个前后没有联系的新信息，全部记住又准确无误地复述出来，并且他还声称：只要知道了记忆的方法，谁都能够做到这一点。

这里提供一些增强记忆能力的简单方法。

1. 回忆一天的细节

这种增强记忆的锻炼，你可以在每天入睡之前进行。如果你能老老实实地坚持一个月内每天晚上都做一次，结果会让你大吃一惊。

上床准备睡觉前，或背靠着枕头坐着，或躺着，但要确保自己在 10~15 分钟之内保持清醒。通过有意识地做几分钟呼吸运动来放松自己。从今天做的最后一件事开始，回忆其最具体的细节。这可能包括让自己舒舒服服地躺在床上，注意自己的呼吸运动。

然后再往前想，回忆就在这之前做的事，也许是爬上床。然后是在这之前的事，也许是刷牙，回忆你的感觉和想法。

想象你的一整天是一盘电影胶片，现在正在倒着放映。就像倒退着走路或说倒话，假如这样，你是观众（也是回忆者），倒着回顾你一天中的每一时刻。

诸如：

我正躺在床上开始回忆我的一天。

我从卫生间走到床边。

我从书桌走到卫生间。

我站在书桌旁对妈妈或爸爸说了这样的话……

我从客厅走进卧室，站在书桌旁。

我关掉客厅内的电视和灯。

我坐在自己的床上，跷着脚，看《哈里·波特》。

在此之前，我透过窗户，看到一轮圆月从天边冉冉升起。

这样一步步地倒着回顾你的一天。

你可能会发现，在时间上离现在越近的时刻，其细节的东西记得越多；而一天中早些时候发生的事，其印象最仓促、最短暂。

2. 画地图练习记忆

找一份市内街道图，选取一个小区，划一个10多条街道的圈圈，然后再观察此图3分钟。使用定时器以保证时间的准确性。合上图不看，定时1分钟。根据记忆重画此图，包括街道名称及所在位置。

不断练习，直到能在不超过60秒的时间里精确地画出此图。再将市内街道图扩大圈定范围到20多条街道，再用3分钟观察此图后，合上图不看，定时1分钟。根据记忆重画此图，包括街道名称及所在位置。

不断练习，直到能在不超过90秒的时间里精确地画出地图。

3. 永远不会忘记的面孔

每天一次，随意选一件物体、一张画片或一个人，仔细观察2分钟。移开视线，画出刚才观察的对象。一天结束时，不看此画，根据记忆再画一张。

每天换一个观察对象，持续一周。然后，把这些画放起来，根据记忆重画。

注意先画和后画的图像之间的差异和不同之处。

坚持这些方法几周，直到结束时能准确地重新画出该周内每天画的图画。

4. 如何记住你的旅游鞋

找一双鞋，最好是你自己的旅游鞋。仔细研究5分钟，仿佛你从未见过这样的鞋。记住，你正努力将所看到的一切存到记忆当中，所以要看仔细了。

5分钟之后，把鞋收起来，回忆你刚刚看到的一切。你已经忘掉了多少？歇息片刻。

15分钟之后，回忆上次对鞋子的记忆，又忘掉了多少？

当你回忆上次对鞋子的记忆时，要记住15分钟之后你还将对这次记忆进行回忆。休息片刻。

然后，15分钟之后，回想上次对鞋子的回忆。这次回忆与上次的记忆相比又忘掉多少？

5. 通过音乐获得超级记忆力

当你需要研究和学习某一特别的知识体系，比如外语、备考材料，或任何你希望理解的崭新的、复杂的东西时，就进行这种锻炼。进行这种锻炼时，一方面你放"巴洛特式"的音乐，使身心放松，不断地聆听；另一方面，你需要有人大声地向你读出材料，或者采取事先自己将声音录制下来，或播放光盘记录的英语文章和单词等方式，来放给自己听。比如，你想掌握更多的外语词汇，或者提高母语的遣词造句能力，就可这样提高记忆力。

战胜遗忘的方法

茅以升是我国著名的桥梁专家，他一生中设计建造了钱塘江大桥、武汉长江大桥、攀枝花渡口大桥等几十座现代化大桥，开创了中国现代桥梁理论技术的新篇章。

茅以升的记忆力非常惊人，直到80多岁时，仍能背出圆周率小数点后100多位数值。这是非常了不起的，他却认为："说起来也很简单，重复！重复！再重复！根据心理学家的研究，没有八次重复，要想记住是不可能的。我为了把它牢牢记住，花了不止十个八次呢！只要肯下苦功，天下没有办不到的事情。"

遗忘是记忆的大敌，它使记忆痕迹逐渐淡漠甚至消失。通过重复则可以加强大脑皮层的痕迹，从而达到加深对所记内容的理解、修补巩固记忆的目的。如果学习、记忆的程度达到150%，将会使记忆得到强化，可以使学习过的内容经久不忘。很多知识在初学的时候，难免不深刻、不全面，把握不住知识的内在联系。之后，随着学习的内容增多，通过重复就可以把前后的知识条理化、系统化，这样就理解得更透彻了。

在实际学习中，要科学地安排重复的次数和时间间隔。一般说来，对复杂难记的内容，重复次数要多些。重复最好在记忆将要消失的时候进行，且重复间隔时间由短渐长，这样就能达到事半功倍的效果。

有研究表明：记忆的第二天遗忘率最高，达 50% 左右，也就是第二天你可能会忘记你所记忆的 50%，第三天为 30% 左右，第四天为 10% 左右。

由此可见，第一次复习应该及时，新学习的内容最好在 12 小时之内复习一下，抓住记忆还比较清楚、脑子中记忆的信息量还多的时候进行强化。第二次复习时间间隔可以稍长，比如 2 天。再往后，间隔可以更长，比如依次为一周、半月、一月、半年、一年、几年。复习所用的时间也会依次缩短，甚至只要用眼或耳过一遍就行。

这样先重后轻、先密后疏地安排复习，效果极佳。针对这点，你可以每天在记忆新东西前，先重复记忆昨天的知识点（大概花 30 分钟左右）和前天、大前天的知识点（各花 10 分钟左右，其实是认真地浏览一遍）。这样，每天的知识点就在以后的 3 天内被重复记忆（在笔记本上标注学习的日期）。在周末还可以把上周的知识点也快速地浏览一遍。你会发现这个方法特别奏效，知识点都能牢牢记住，一个月前记忆的东西在脑海中仍十分清晰。每天所花时间也不是很多，只是有点麻烦，最重要的是要形成习惯。如果这个方法在时间的分配上还不怎么合理，你可以根据自己的实际情况调整。

那么，是不是重复的次数越多越好呢？心理学家一般认为超度学习以 50% 为有限效度，就是在刚能正确背诵时，再用 50% 的时间来记忆是有效地超度重复。超过这个限度，就可能受注意力分散、厌倦、疲劳等不良因素的干扰而产生副作用。

要思考,不要死记硬背

人们常说,理解是记忆的第一步。为了进一步了解理解对记忆的重要性,请再看下面的一些例子。

斯陀夫人的小说《汤姆叔叔的小屋》是南北战争前出版的,还是南北战争后出版的?只要了解这部小说揭露了黑奴制度的罪恶,引起了黑奴问题的探讨,影响了南北战争的爆发,林肯对这本书给出了很高评价。这样这本书出版时间的问题就迎刃而解了。

在日常生活和工作中,我们对很多事物经常是应该记住却没有记住,其原因往往是由于只注意枝节,而忽略了对本质的理解所造成的。

美国前总统林肯出身贫寒,小时候买不起书,只好去借。只要有人肯借给他,无论走多远的路他也要去。借回后反复阅读,直到完全理解和记住。靠着这种阅读—理解—记忆的方法,林肯积累了大量知识。最后,林肯成为美国历史上最优秀的总统之一。

德国著名心理学家艾宾浩斯在做记忆的实验中发现:为了记住12个无意义音节,平均需要重复16.5次;为了记住36个无意义章节,需重复54次;而记忆6首诗中的480个音节,平均只需要重复8次!心理学实验表明,理解记忆的效果要比机械记忆的效果大约高25倍。

日本教育界提倡的一句口号是:"要思考,不要死记硬背!"这里所说的思考,首先也是指理解。

所谓理解,用古语来说,就是不仅要知其然,而且要知其所以然。

从生理学角度来说，理解就是在已有的条件反射的基础上，去建立新的条件反射，并将新旧条件反射组成系统。巴甫洛夫说过，利用已获得的条件反射就叫作理解。理解就是懂得客观事物的意义，实际上就是利用旧知识去获得新知识，并把新知识纳入已有知识的系统中。

只有理解了的知识，才能记得迅速、全面而牢固。不然，总是靠死记硬背，就会出力而不讨好。不要为自己的记忆力不好而灰心，应该反复检查自己是否真正理解了所要记忆的东西。理解一件事，在记忆的感觉上好像在走远路，事实上，它却是培养记忆力的捷径。

要实现理解记忆，我们首先要了解如何实现理解这个过程。我们要知道分析与综合是理解的实质。如何进行分析与综合呢？具体方法可以分为以下五步进行。

第一步：了解大意。

当你记忆某个事物的时候，首先要弄清它的大致内容。拿读书来说，先要通读或者浏览一遍。如果是记忆音乐，先要完整地听一遍全曲。了解了全貌才能对局部进行深刻的理解。这也就是"综合"。

第二步：进行局部分析。

对事物有了大致了解后，就要逐步深入分析。比如对一篇论文，要弄清它的论点论据，根据结构分成若干段落，逐个找出主要内容，也就是要找出"信息点"，然后加以认真分析、思考，以达到能编制文章纲要的程度。

第三步：寻找重点和关键。

这就是韩愈在他的《进学解》中所说的"提要钩玄"。找到文章的要点、关键和难点，并弄明白，牢牢记住。只有在此基础上，才能理解和记住其比较次要或者从属的内容。正是"万山磅礴，必有主峰；龙衮九章，但挈一领"。

第四步：融会贯通。

这是指将所理解和记住的各种局部内容，联系起来反复思考、全面理解。这样更有利于加深记忆。

第五步：在实践中运用。

所学的东西是否真正理解了，还要看在实践中能否运用。如果应用到实际工作中就"卡壳"，那就说明并未真正理解。真正的理解是有具体标准的：一是能够用语言和文字解释，二是会实际运用。在实际运用过程中，会继续深化理解。

重复是记忆的良策

史密斯是个年轻的律师，他很能干，但是十分健忘。有一次，他被派往圣路易斯去会见一位重要的诉讼委托人，以解决一件疑难案件。第二天，他那个事务所的老板收到他从圣路易斯发来的一份电报："忘记诉讼委托人的姓名，请即电复。"老板复电："委托人的名字叫霍布金斯，你的名字叫史密斯。"

如果史密斯在获知委托人的名字后，不断对此进行重复，或许就不会发生遗忘委托人姓名的尴尬事。

德国心理学家艾宾浩斯（H.Ebbinghaus）通过研究发现，遗忘在学习之后立即开始，而且遗忘的进程并不是均匀发生的，而是最初遗忘速度很快，随之逐渐减慢。他由此得出结论"保持和遗忘是时间的函数"，并根据实验结果绘成描述遗忘进程的曲线，即著名的艾宾浩斯记忆遗忘曲线。艾宾浩斯记忆遗忘曲线，又称为"艾宾浩斯记忆保持曲线"，曲线的纵坐标代表了记忆的保持量，横轴表示时间（天数），曲线表明了遗忘发展的一条规律：遗忘进程是不均衡的，在识记的最初遗忘很快，以后逐渐缓慢，到了相当的时间，几乎就不再遗忘了，即遗忘的发展进程是"先快后慢"。有人做过一个实验，两组学生同时学习一段课文，甲组在学习后不久进行一次复习，乙组不予复习，一天后甲组保持98%，乙组保持56%；一周后甲组保持83%，乙组保持33%。可以看出：乙组对课文内容的记忆遗忘平均值比甲组高。

遗忘的进程除了受时间因素的制约外，还受其他因素的制约。例如，前文提到的艾宾浩斯在关于记忆的实验中发现，记住12个无意义音节，平均需要重复16.5次；记住36个无意义章节，需重复54次；而记忆6首诗中的480个音节，平均只需要重复8次！一般而言，人们最先遗忘的是那些没有重要意义的、不感兴趣的和不需要的材料。

艾宾浩斯记忆遗忘曲线启示人们，如果想取得理想的记忆效果，便要不断地对记忆材料进行重复，并且最好在理解的基础上记忆——否则，你的遗忘速度会快于你的记忆速度。

当材料与自我相关时，记忆效果会更好

美国一名叫托马斯的男子去迈阿密度假，他的妻子琳达正在忙于

公务旅行，便只能次日到迈阿密与丈夫会合。托马斯在海滩的椰子树下度过了美好的一天，回到旅馆后，他决定给妻子发一封电子邮件，告诉她迈阿密的确是一个妙不可言的地方。

由于托马斯没找到记有妻子电子邮箱的纸条，所以完全凭记忆输入了地址，并祈祷不要出什么差错。但不幸的是，托马斯搞错了一个字母，电子邮件送到一位新教牧师的妻子那里，而这位牧师恰好于前一天逝世了。

晚上，牧师的妻子打开电子邮箱，准备看一看收到的唁电。当她在计算机屏幕上看"丈夫"发来的邮件后，惊得大叫一声，从椅子上跳了起来，重重地摔在地上死了。她的家人后来在计算机屏幕上看到了下面这封电子邮件：

我刚刚到达目的地。尽管到这里的旅途很长，但值得一来。这里的一切都很美，树木、花园、聚会……虽然到这里的时间不长，但我感觉好像到了家里一样。现在，我准备休息了。我只想告诉你，这里的人已经为你明天的到达做好了准备。我敢肯定，你一定会很喜欢这个地方。

永远爱你的丈夫

另：你要做好准备，这里像地狱一样热！

虽然托马斯在邮件中描述的事情与牧师妻子的境遇毫不关联，但是由于受到"自我参照效应"的影响，牧师的妻子却把邮件视为了丈夫的地狱来函，在恐慌的情绪中死于非命。

所谓的"自我参照效应"，指的是当记忆材料与自我相联系时，记忆效果要显著优于其他编码条件。也就是说，在接触新的信息时，如果它与我们自身密切相关，则学习时就有动力，而且不容易忘记。举一个简单的例子，比如对于一个中国人而言，相对于美国历史，他在学习本国历史方面，效果要更好。

安德鲁·杰克逊是美国历史上最出色的政治家之一，他曾经于1837年出任美国总统。当他妻子死后，他对自己的健康状况变得十分担忧，因为家里已有好几个人死于瘫痪性中风，安德鲁担心自己也会被同样的病患夺去生命，所以他每天都疑神疑鬼地怀疑病患已经不期而至。

一天，安德鲁在一个朋友的家中与一个年轻的女士下棋，突然，他的手垂了下来，脸色苍白，呼吸沉重，看上去非常虚弱。他的朋友见状，便走了过来，问安德鲁发生什么事了。

安德鲁无力地说道："最终还是来了，我得了中风，我的整个右侧都瘫痪了。"

"你是怎么知道的呢？"朋友问。

"因为，"安德鲁答道，"刚才我在自己的右腿上捏了几次，但是我什么都没有感觉到。"

这时，那位年轻的女士说道："可是，先生，您刚才捏到的是我的腿啊！"

在上面这个故事里，也有着"自我参照效应"的痕迹：人们常会情不自禁地将自身与情境中的信息联系起来，即使情境中的信息与个体之间毫无关联。

比如，一个人在看一本关于身体健康的书，每当他看到一种关于身体不良症状的介绍时，他就会不自觉地想到自己是否出现过类似的症状，如果有，他就会怀疑自己的身体是否潜伏着某种严重病患。

记在备忘录上也会忘记

艾子来到齐鲁之地讲道，来听讲的人每次都有好几百。一天，当艾子讲到周文王被囚禁在羑里时，齐宣王正好召见他，艾子来不及讲完就应召去了。

听众中有个人入了迷，他闷闷不乐地回到家里，妻子关心地问他："您每天听完艾夫子讲道之后，回到家里都很高兴，为什么今天却这样忧愁？"他说："今天一早，我听艾夫子说周文王是个大圣人，如今却被他的国君殷纣囚禁在羑里，我可怜他无辜被囚，所以非常烦闷。"

妻子想宽慰他，就说："虽然文王现在被囚禁着，不过时间长了他一定会被赦免的，不会一辈子遭受囚禁的！"

此人叹息着说："我倒不担心他放不出来，只是想到今夜他要在牢内度过，我就替他发愁啊！"

由于艾子的讲道只进行了一半，导致一些听众对此念念不忘，原因在于人们总是倾向于为未完成的故事而牵肠挂肚。这可以用蔡加尼克效应进行解释。

蔡加尼克效应是指对未完成工作的记忆优于对已完成工作的记忆现象。

20世纪20年代，苏联心理学家B.蔡加尼克做了一项研究：她分派给被试者15~22种不同的任务。有些任务属于手工操作的性质，有些任务则明显要求智能的运用。这些任务繁简不一，例如写下一首你喜欢的诗、从55倒数到17、完成拼板、演算数学题、把一些颜色和形状不同的珠子按一定的模式用线穿起来等。每次完成任务所需要的时间大体相等，一般为几分钟。

在实验中，蔡加尼克只让被试者完成一半任务。例如，当被试者进行一些智力任务时，允许他们坚持完成，直到发现答案为止；当被试者进行另一半任务时，主试者则中途打断，让被试者停止操作而做其他的事情。在这个过程中，允许做完和不允许做完的任务的出现顺序是随机排列的。

当实验结束后，在出乎被试者意料的情况下，立刻让他们回忆做了22种什么任务，结果发现，约有50%的任务能被回忆起来；未完成的任务平均被回想起68%，已完成的任务只能被回想起43%——前者是后者的1.6倍。

蔡加尼克认为，这种效应是由于完成任务的需要而引起的紧张状态所造成的。当一项任务没有完成就受到阻止时，紧张状态还要持续一段时间，最多持续24小时，有时只持续十几分钟，这时被试者的思想仍然比较容易指向未完成的任务，从而被回忆起来的可能性也就大一些。

后来的一些心理学家也曾重复过这类实验，大部分都证实了"蔡加尼克效应"的存在，并对效应的存在给予了如下解释。

（1）中途中断任务会引起被试者一种不满的自我体验，它导致被试者为发泄这种不满而激发动机，从而产生更多的回忆。

（2）中途中断任务具有一种强化的效应，促使被试者做出力图完成任务的反应。

（3）从格式塔理论的角度来说，被试者具有一种力求完整的心理，中断破坏了这种完整性，导致被试者为争取完整性而提高记忆保持率。

（4）被试者的强化史影响保持率。也就是说，如果被试者过去有过完成任务获得奖励的体验，则中断就会推动这种奖励，所以被试者为追求奖励而在意念中需要完成任务，这就会产生一种更好的回忆比率。

关于蔡加尼克效应，很多人应该都有切身体会。比如，你担心自己忘了某个重要约定，特意把它记录在备忘录上，但是最后还是忘记了，这是因为一个该做的事情往往会在人心理上引起一个张力系统，但写进备忘录这个行动代替了践约，这会让你在心理上认为这件事情已经做好了，结果张力系统放松了。而没有这种替代措施时，张力系统仍在继续，反而记得更牢。

与此同理，习惯于考前"开夜车"的学生常常在通过考试后，很快就遗忘了所考过的东西，这种现象便是学生放下重负后张力系统迅速松弛的结果。

动员的器官越多，记得越好

人们在记忆外部信息时，必须先要去接受这些信息，而接受信息的"通道"不止一个，有视觉、听觉、嗅觉、味觉、触觉等。有多种知觉参加的记忆叫作"多通道"记忆。这种记忆的效果比单通道记忆强得多。

有人做过这样的实验,用2种方法让3组学生记住10张画的内容:第一组的同学只给他们说画的内容,不让他们看画;第二组同学只让他们看画,不给他们讲画的内容;第三组学生既给他们看画,又给他们讲解。过了一段时间,检查这3组同学对这10张画的记忆情况,结果第一组记得最少,只有60%;第二组稍多,有70%;第三组记得最多,达到86%。这个实验说明,学习时调动的感觉器官越多,记忆的效果就越好。

还有一个心理学实验:在相同时间里,第一组学生只是跟老师念一段课文,第二组学生听老师念完后自己念,第三组学生又听又念又默写。结果很明显:第三组的记忆效果最好,第二组次之,第一组最差。

这说明从总体上看,多种感官并用的记忆效用好。这是由于多种感官同时接受知识,就可使同一内容的大脑皮层上建立许多通路,留下多种痕迹,即使某一痕迹变淡了,还有其他痕迹在,可以使记忆重现。此外,因为多种感官以多维度、多层次的方式感知识记材料,立体地反映一个对象,信息就会通过不同的感觉神经通路传入大脑,起着不同角度的复述、强化作用,从而使印象加深。

1.5 种利用视觉记忆的方法

(1)快照。用你想象中的照相机拍下你想要记住的物件、人、街牌等。如果是一个数字,那就把它拍大一点,有多大拍多大。如果是一个人,那就派他举着一个牌子,牌子上写着他的名字和他的工作单位。

(2)用一张名称标签。当你看到一样东西,想象给它贴上标价,标价上还有型号、颜色、生产厂家等。当你想起这样东西时，这张标签就出现在你的眼前。

（3）用颜色强化记忆。涂上颜色，用不同的颜色来帮助你记忆。为什么你要记住的东西非得是黑白的呢？给它们涂上一点颜色，让它们更生动、更容易被你记住。拿刚才的标签来说吧，想象型号是用绿色写出来的，价格是用红色标出来的，等等。记人也可以用不同的颜色：灰色的老太太、金色的少女、七彩的孩子等。如果朋友介绍人给你认识，当你听到他的名字时，在脑海中用粉红色的大字把它写出来，你这么做的同时，也是在把你听到的新名字与你所熟悉的颜色联系起来，这是一种辅助记忆的方式。

（4）找出一个醒目的特征。如果你看见一件仪器，那就格外注意它的某个部件，比如一个按钮、一个把手等，同样用夸张的方法把这一部件想象得比平常大。

（5）寻找规律。规律可以帮助你记忆，寻找规律可以更好地记忆。任何事物都有其内在规律，特别是数字的排列总有一定规律，找到了这个规律，对记忆有很大帮助。因为规律代表了事物的本质，排除了纷乱的假象，使事物明了、简化。这要求在记忆时要多动脑筋。比如，要记住英文单词 Mississippi，你可以记住头一个字母 m 后，加上一个 i 和两个 s，然后又是一个 i 和两个 s，最后是一个 i 和两个 p，i 是结尾的字母。

2. 认识听觉在记忆中的重要性

在学习中，听觉是仅次于视觉的感官了。很多著名的钢琴家都说自己是靠听觉来学习这门艺术的。他们在演奏时是靠大脑去"听"，以记住各种不同的旋律。

在很多情况下，识别声音都是很重要的。在某些情况下，听觉比视觉重要。当然，对失明的人们来说更是如此。他们是靠听觉来弥补已丧失的视觉。而对很多看得见的人来说，他们却忽视了听觉的重要用途。

例如，消防员听到"起火了"这样一声叫喊，马上就知道他有任务了。通常，门铃、厨房里的计时器、汽车的警报器、卖冰淇淋的小商贩的叫卖都能使我们的大脑产生反应。同样，在我们的记忆中，可以用一个人的声音作为我们能回忆起这个人的线索。例如，你听到接线员的声音在告诉你某个电话号码，她的声音会使你记得更清楚、更准确。

同样的道理，正在节食的人通常都会被告知哪些东西该吃、哪些东西不该吃，如果他能通过医生告诉他这些注意事项时的声音来记忆，他就一定能记得更清楚。

只要你开始借助声音来帮助你记忆，你的记忆就已经开始向好的方向发展了。你将看到听觉在你记忆的过程中起到的是辅助视觉的作用，而不是要取代视觉。

3. 重视触觉对记忆的辅助作用

就像听觉能起到辅助视觉的作用一样，触觉也能起到辅助听觉的作用。实际上触觉不仅能辅助视觉，有时还能取代听觉和视觉。在一个黑暗的房子里，你什么都看不见，这时就得依靠听觉。如果什么声音都没有的话，触觉就是你必须依靠的感官了。我们经常听到的一句话是"在黑暗中摸索"，有此种经历的人都对触觉的作用深有体会。

你问一个熟练的打字员键盘上的字母是怎么排列的，他也许说不出来。但是当他打字的时候，关于字母排列顺序的记忆就随着他手指尖的动作跳出来了，根本不需要有意识地去回忆。

用触觉来提高记忆，可以通过同时做几件事来练习。比如说，你开车的时候既要注意看也要注意听，同时你还要操作方向盘，这时你就把触觉和视觉、听觉联系起来了。

下面是两种靠触觉来提高记忆力的方法：

（1）去感觉。当你听到一个陌生的名词或名字时，想象它们摸上去是什么感觉。比如，你听到丝绸这个词，就会有一种滑滑的感觉。同样，想象一下你听到刺、火、木头、玻璃、雪等一些事物时是什么感觉？

（2）将关键数字或词语用手指写在你的手掌心。这种靠感觉来提高记忆力的方式会很有效。假如你要记住的数字是8，伸出你右手的食指，把它写在你左手的掌心，这一简单的动作将给你留下深刻的印象。

4. 嗅觉也可强化记忆

把嗅觉与其他感觉器官结合起来加强记忆也是很有效的，因为嗅觉能起到别的感官起不到的作用。闻到食物的香味能立即判断食物已经被煮过了。电线烧焦的气味能告诉我们短路了。但嗅觉的功能不仅仅是这些，一种特殊的香气能够引起许多与此相关的联系。作家在创作一部作品时可能一直浸在一股香烟的味道当中。

下面是几种靠嗅觉来加强记忆的方法：

（1）将某种气味和某个人联系起来。不太好闻的味道：香烟、洋葱、大蒜等。当然也有好闻的味道：香水、洗发香波等。

（2）将其位置与某个地点相联系。将约会的地点与餐馆里某道菜的味道联系起来。如果指路的人告诉你在汉堡快餐店左拐，那就想象你在左拐的同时闻到汉堡的香味。

（3）还有一种靠嗅觉加强记忆的方法是：准备购物单时将你要买的东西"尝"一遍。这样你会记得更清楚。

通过你的感官来加强记忆，肯定会起到很好的效果。广告业常年都是以这种方法取胜的。当我们用不同的感官去感觉一件产品的时候，我们就会记得更深刻。我们的观察能力主要依靠我们的感官，记忆也需要我们充分利用我们的感官。只依靠一种感官会使记忆十分有限。用不同的感官来加强你的记忆力，因为主观感觉和客观物体是互相联系的。你越是把它们联系起来，它们之间的关系就越紧密，你的记忆就越会形成一个整体而没有遗漏。

5. 用味觉强化记忆的奥妙

在很多情况下，味觉对记忆都很重要。厨师在做菜的过程中会突然停下来尝尝味道，他的记忆会告诉他这种味道是对还是不对。很多记忆都是由一种苦或甜的味道引起的。吃到不同的东西时往往会突然想起早已遗忘的经历或环境。

高效记忆的 7 个要诀

以下 7 个要诀对在记忆上存在问题的你或许有所帮助。

1. 保持稳定而愉快的情绪

记忆不是单一的思维活动，愉快的心情能够增强记忆的广度和深度。在心情愉悦的情况下，不仅会让你记得更快、更多，也会记得更牢靠。这也很好理解，愉悦的心情会让你对记忆充满主动性而不是苦不堪言的勉强硬塞。

2. 注意适当的营养

大量的记忆消耗的能量多，所以需要补充适当的营养。有计划地、适量地吃点鱼、肉，特别是蛋黄，对维护记忆功能是很必要的。另外，新鲜空气能使大脑得到充分的氧气，增强记忆力。空气污浊会使头脑发胀，影响记忆效果。

3. 一定不要抽烟饮酒

吸烟降低人的记忆力，吸烟的支数越多，降低效果越明显。长期饮酒，可使人注意力涣散、理解力降低、记忆力下降、意志消沉。

4. 劳逸结合，记忆不累

打疲劳战，妄图广种薄收的方法绝对是笨方法，也十分不可取。与其昏昏沉沉地耗，不如劳逸结合，学习一段时间以后，适当地休息一下，做体操、打球、唱歌、谈笑，都可使大脑得到适当的休息，进而在大脑恢复活力后达到事半功倍的记忆效果。

5. 合理的作息制度是十分重要的

人体生物钟总是有节律的，如果形成了每日的生活规则，在固定的时间从事固定的活动容易让身心达到较佳的状态。如果经常无规律地安排生活学习，身体就会和意愿唱反调，全然不是想象的那回事。制订好每日的作息时间就要严格遵守且不轻易更改，这样才会保证良好的身体状态进行学习。

6. 注意掌握最佳的记忆时间

一般说来,早晨和晚上临睡前是记忆效果最好的时间。心理学研究证明,记忆事物总是容易对首尾记忆深刻,那是因为记忆总是相互干扰,而首尾的干扰因素较少,也就更容易记住。在早晨,大脑没有睡前学习材料的干扰,而临睡前不再受新学习的干扰。所以每天临睡前,把一天内学习的主要内容像过电影一样在脑子里过一遍,这对记忆的巩固很有好处。晚上记的材料,第二天早晨再记一遍,效果会更好。

7. 合理用脑

合理用脑使大脑皮层的不同部位轮流兴奋和抑制,有助于增强记忆力,使人保持不疲劳的状态。长时间啃一门课程不如不同课程交替学习的效果好。内容相似的课程不要挨着复习。学习时用的是右半脑,听音乐、歌曲是用左半脑。左半脑兴奋几分钟,右脑就可休息一下。用音乐来调节,做到合理用脑,在世界各大学里已被广泛重视。

Chapter 06
聪明人是如何学习的

即将从国内一所名校毕业的硕士生,参加了高中同学会,让她十分吃惊的是,曾经班上的部分"差生"如今已小有成就,而不少成绩优异的"学霸""尖子生",包括自己在内却还在迷茫中。

有人对此现象进行了分析,认为"差生"这个群体与"优生"相比,具有"优生"身上并不具有的优势,比如"差生"敢吃苦、能冒险、讲义气、不怕挫折等。

甚至有人讲,如果你为了以后去当老板,就要去当"差生"。

对此,你怎么看?

寻找适合你的学习类型

温斯顿·丘吉尔的学校作业做得很差,他说话结结巴巴,并且口齿不清,然而他却成了他那个年代最伟大的领袖和演说家之一。

托马斯·A·爱迪生在学校中被他的老师用皮带狠狠地抽打,因为他提了那么多问题，以至于他的老师认为他是糊涂蛋。他所受的惩罚是如此之多，以至于仅仅受了3个月的正式教育之后，他的母亲就把他带出了学校，而他却成了可能是所有过去的时代中最多产的发明家。甚至在晚年，爱迪生仍然宣称他无法理解数学。

阿尔伯特·爱因斯坦曾经整日空想。他在中学时代甚至连许多测验都没及格，然而却成了他那个时代最伟大的科学家之一。

幸运的是爱因斯坦的母亲，她是一个正式的学校教师，是一个真正的教育先驱者。《世界图书百科全书》说："她的看法，在那个时代是与众不同的，那就是学习可以成为一个乐趣。她把教育他变成一种游戏。男孩一开始很惊讶，然后非常高兴。不久，他开始学得如此之快，以至于他的母亲无法再教他了。"但是爱因斯坦仍然继续探索、实验并且自学下去。

通过上面的例子我们可以看出：爱因斯坦、丘吉尔以及爱迪生有着与他们学校的学习类型不相称的学习类型。但是，他们找到了最适合自己的学习类型。

很明显，每个人都有不同的才能。毕加索毫无疑问是一个伟大的画家，莎士比亚是一个非凡的作家，乔·路易斯和贝毕·露丝是伟大的运动员，恩里柯·卡鲁索是一个杰出的男高音，安娜·帕夫洛娃是一位卓越的芭蕾舞演员，而凯瑟琳·赫本则是一位优秀的演员。

每一位阅读这页书的人都有不同的生活方式和不同的工作方式。成功的事业取决于他们是否有适应那些不同的生活方式的能力。就像人力资源顾问花大部分的时间来使具有不同的工作类型的人才适合不同的工作岗位一样，我们也应当从自己的实际情况出发，充分考虑自己的特点、兴趣、爱好和行为模式，从而寻找适合自己的学习类型。

然而我们的许多学校却好像把每个人当作完全相同的人来对待。更糟的是，大多数学校的评估系统只能奖励很有限的一部分学生。而这些人生早期的奖励，总是过早地就把那些被说成天才的聪明人与那些被称作不聪明和没有充分发挥潜力的人区别开来了。

本章开篇提出的问题，到此可以看得很清楚："差生"这个名称本身就有问题，学校成绩不好的人，很有可能只是不适合学校的学习方式，这不代表他们在具体的商业经历中不能学习得很快。

但是，根据美国联邦人口普查局2006年11月发表的一项调查数据"2004年美国学历与平均年薪"来看：学历越低，收入越低；反之亦然。

而我国的相关调查结论与此大同小异。学历越低的人，平均收入水平也越低。因此，虽然每个人的学习类型和方式有所不同，但从整体上来看，学校教育还是功大于过、值得信赖的。

另外，如果你为了以后去当老板，而要去当"差生"，那就是本末倒置了。因为这个社会虽然存在着低学历的"老板"，但更多的却还是高学历的老板。

大脑获得知识的 5 个途径

大脑获取知识的途径有 5 条，即 5 个感受通道：视觉、听觉、触觉、味觉和嗅觉。幼儿是通过所有的这些感受通道进行学习的。他们四处爬动、攀行、犯错，然后从错误与尝试中进行学习。他们喜欢试验、喜欢创造、喜欢探究事物，而且乐于接受挑战，并且模仿成人或比他们大一点的儿童。

21世纪是信息大爆炸的世纪，一个人只有通过学习或借鉴别人的成功经验才能快速积累有用的知识，于是外语成了人们去先进国家求学的桥梁。但是，如何熟练掌握一门外语却难倒了不少成人。

而与之相反，所有的孩子都是语言天才。如果生在使用两种语言的环境里，他们就学会两种语言，如果生在3种语言的环境里，就学会3种。英国心理学家托尼·布赞甚至这样说："婴儿出世那一刻，就真的已经是才华横溢了。仅2年时间，他就学会了语言，比任何一位文学博士都要好。而等到了3～4岁，他在语言方面就是一位能手了。"

幼儿是靠什么来达到如此神奇的学习效果呢？靠的是感觉，他们自己从所有的感官经验中学习。

可是，从小学到中学乃至到大学，我们大部分人接受的是"正规的学业教育"，并没有机会获得妙趣横生、经历丰富的感官学习。在我们成长的过程中，学习已没有了乐趣。我们已经忘却了知识进入我们大脑的5条通道：视觉、听觉、触觉、味觉和嗅觉，甚至忽视了最简单的道理，学习始于感知。

我们对"有字书"与"无字书"的感知，是由多种心理成分共同作用的，但基本的心理成分则是感觉、知觉和表象。

1. 感觉

感觉是直接作用于人的感觉器官的客观事物的个别属性在人脑中

的反映。比如，看见桃子，产生颜色感觉；通过舌头品尝产生味道的感觉，通过手摸产生触觉等。感觉也反映有机体本身的活动状况，例如，我们可以感觉到自身的姿势和运动，感觉到内部器官的工作状况等。

感觉是一种最简单的心理现象，但是不通过感觉的作用，我们就无法知道实物的任何形态，也不能知道运动的任何方式。只有通过感觉，才能分辨事物的各种属性。一切较高级、较复杂的心理现象，如知觉、思维、意志等，都是建立在感觉的基础之上的。

2. 知觉

知觉是比感觉更复杂的心理现象，知觉是直接作用于感觉器官的客观事物的整体在人脑中的反映。例如，我们感觉到苹果的颜色、香气、滋味、平滑、硬度等，在综合了这些属性的基础上，便构成了我们对苹果的整体印象，这就是我们对苹果的知觉。

感觉和知觉，都是客观事物直接作用于感觉器官，在头脑中产生的对事物的反映。但两者又有区别：感觉是对事物个别属性的反映，知觉是对事物的各种不同属性、各个不同部分及其相互关系的综合反映。因此，感觉是知觉的有机组成部分，是知觉的基础，知觉是在感觉的基础上产生的。

3. 表象

表象是事物不在面前时，人们在头脑中出现的关于事物的形象。从信息加工的角度来讲，表象是指当前不存在的物体或事件的一种知识表征，这种表征具有鲜明的形象性。在心理学中，表象是指过去感知过的事物形象在头脑中再现的过程。表象（representation）是客观对象不在主体面前呈现时，在观念中所保持的客观对象的形象和客体形象在观念中复现的过程。表象不仅是一个人的映象，而且是一种操作，即心理操作可以以表象的形式进行，即形象思维活动。

表象是外物的呈现方式，自在之物呈现给我们的东西才叫表象，它自在的状态不叫表象，只是物自身。自在之物是如何呈现给我们的呢？其途径就是自在之物发出信息，这些信息通过我们的感官进入主体内，主体利用自己的设备把这些信息转化为表象，表象就是自在之物的呈现，表象呈现给我们，我们就看到了事物。就像有线电视通过光缆把信号传递到电视机中，电视机将信号转化为图像，我们就看到了电视节目。不能说我们看到了电视信号，我们只能看到电视屏幕上的图像。同理，不能说我们看到了信息，而是我们看到了通过我们的感官将信息转化来的表象。也不能说我们看到的是外物，而只能说我们看到的是外物的表象。

7种智能的学习途径

心理学家加德纳认为人类的智力（智能）至少可以分成7个范畴，每一类智力的学习方法和途径如下所示。

1. 语言的智力

语言的智力通常在小说家、诗人、撰稿员、剧作家、演说家、政治领袖、编辑、广告员、记者以及演说词撰稿者的身上发现。

如何加强这种学习能力呢？主要有以下几种方法：

（1）讲故事；

（2）用名字、地点玩记忆游戏；

（3）阅读故事和笑话；

（4）写故事和笑话；

（5）表演词汇幽默的小品；

（6）写日记；

（7）采访；

（8）猜谜语，做拼写游戏；

（9）把读和写与其他的学科领域结合起来；

（10）出版、编辑并监制班级杂志；

（11）辩论；

（12）讨论；

（13）使用文字处理机作为辅助工具。

2. 逻辑能力的提高

逻辑能力通常在数学家、科学家、工程师、猎人、侦探、律师以及会计的身上发现。

如何加强这种学习能力呢？主要有以下几种方法：

（1）促进问题的解决；

（2）做有关数字方面的电脑游戏；

（3）分析和解读数据；

（4）运用推理；

（5）鼓励自己的能力；

（6）鼓励自己做实验；

（7）运用预测；

（8）把组织能力和数学融入其他的学科领域；

（9）给每一件事物一个空间；

（10）允许事情逐步进行；

（11）运用演绎思维；

（12）用电脑来做表格和进行计算。

3. 视觉空间的智力

视觉空间的智力通常在建筑师、画家、雕刻家、航海者、棋手、博物学家、理论物理学家以及军事战略家的身上发现。

如何加强这种学习能力呢？主要有以下几种方法：

（1）用图片来学习；

（2）涂鸦，画符号；

（3）画图表、地图；

（4）把艺术与其他学科结合起来；

（5）使用大脑图；

（6）做想象的活动；

（7）看或制作自己的录像带；

（8）使用贴在墙上的外在的刺激；

（9）运用模拟表演；

（10）变动在房间中物品的位置以获得不同的景象；

（11）运用先前组织好的东西或目标设定的图表；

（12）使材料聚集起来；

（13）突出色彩；

（14）运用电脑图示。

4. 音乐的智力

音乐的智力通常在演奏者、作曲家、指挥、音乐听众、录音师、乐器制造者、钢琴调音师及没有传统书面语言的文化中发现。

如何加强这种文化学习能力呢？主要有以下几种方法：

（1）通过歌曲进行学习；

（2）通过参与或者听音乐会来进行学习；

（3）伴随着巴洛克音乐学习；

（4）伴随音乐锻炼身体；

（5）加入合唱团；

（6）把音乐与其他的学科领域结合起来；

（7）用音乐改变人的情绪；

（8）用音乐来放松；

（9）通过音乐来构思画面；

（10）在电脑上谱曲。

5. 身体动觉的智力

身体动觉的智力通常在舞蹈家、演员、运动员以及在运动上颇有成就的人、发明家、外科医生、空手道教练、赛车手、户外工作者以及在机械方面有天赋的人身上发现。

如何加强这种学习能力呢？主要有以下几种方法：

（1）用游戏的形式来学习；

（2）用舞蹈来学习；

（3）用运动来学习；

（4）用演戏来学习；

（5）在自然科学和数学方面多动手；

（6）改变一下状态或多休息；

（7）当自己在游泳或散步时，在头脑中复习一下功课；

（8）利用模型、机器和手工艺；

（9）用空手道来集中注意力；

（10）利用校外调查旅行；

（11）利用班级的游戏；

（12）利用戏剧和角色扮演；

（13）打响手指、拍手、跺脚、跳、爬。

6. 人际交往或"社会"的智力

这种能力通常在政治家、教师、宗教领袖、律师、推销员、管理者、公关人员以及公众人物的身上发现。

如何加强这种学习能力呢？主要有以下几种方法：

（1）以合作的方式进行学习活动；

（2）利用休息时间多进行一些社交活动；

（3）运用"伙伴与分享"学习活动；

（4）运用交往和交流的技巧；

（5）在电话中与伙伴交谈；

（6）举行与学习有关的庆祝会和聚会；

（7）使学习成为乐趣；

（8）把社交与所有其他的课程结合起来；

（9）在必须与人交谈以获得答案的地方"察言观色"；

（10）在群体中工作；

（11）通过为别人服务来学习；

（12）当别人的私人教师。

7. 进入内心或直觉的智力

这种智力通常在小说家、律师、哲学家、智慧的老人、对自己体验很深的人以及神学家的身上发现。

如何加强这种学习能力呢？主要有以下几种方法：

（1）进行私人化的谈心；

（2）用个人的成长活动来消除学习障碍；

（3）询问活动；

（4）通过"伙伴和分享"以及"想和听"；

（5）花一些时间在内在的反省上；

（6）独立地学习；

（7）跟随自己的直觉；

（8）把自己所经历到的以及自己是如何想的写下来，进行反思或者讨论；

（9）允许与群体有不同的自由；

（10）写"我的书"、记生活日记；

（11）掌握自己的学习；

（12）自我个性的确认；

（13）学习如何提问。

常规学习的 7 个环节

美国现代著名的心理学家斯金纳提出了程序学习法，就是将学习过程的基本环节，融合成一个程序，从而形成一种有序的"程式学习"体系。这是每个学习者必须遵循的学习程序。因此，我们又称之为"常规学习法"。这 7 个基本环节就是：计划、预习、上课、作业、复习、课外活动和考试。这些方法略述前 5 个如下。

1. 制订学习计划

制订学习计划，可以使学生明确学习目标，激发学生学习的积极性，督促学生合理地安排时间，有条不紊地实施学习内容，从而完成学习任务。制订学习计划是学习过程各环节的起始，是各环节的总领。计划制订的好坏，将直接影响今后的学习。小学生由于年龄和学龄的特点，不能很好地把握自己的具体情况，往往制订不出切实可行的学习计划。这时候，教师就应该帮助他们结合自己的实际情况和计划在时间、目标、内容等方面的分类，制订一个实事求是、目的明确、行之有效的学习计划。这样，有利于他们养成良好的学习习惯，还有利于他们增强时间观念，提高学习效率。

一份完整的学习计划一般包括：

（1）前段学习情况回顾；

（2）下段学习目标与设想；

（3）学习内容分析；

（4）实施的措施、步骤与方法；

（5）有关注意事项。

当然，简略些的学习计划，也可以只有其中的第（3）、第（4）条，不一定要面面俱到。

制订的计划要"跳一下能摸得着"。也就是说，制订计划要留有"余地"，不要认为自己能达到或已达到多少就定多少，要结合自己的理想与毅力以及实际条件，尽可能地把学习目标提高一些，把学习措施与步骤设计得严格一些，要尽力与自己"过不去"，但经过努力又能"过得去"。这样"定"计划，我们叫它为"跳"，意在努力奋斗。如果所制订的计划不用"跳"就"摸得着"，或者怎么"跳"也"摸不着"，那么，这样的计划就既无吸引力，又无约束力，失去了制订计划的意义。

2. 课前预习

预习是学生在教师讲授新课之前，借助工具书独立阅读新课内容，对新知识进行初步了解，为接受新知识做好准备的一个环节。它是培养学生自学能力的重要措施。因此，教师要重视预习指导，让学生充分预习，提高听课的效果。

小学阶段，预习可分为课堂预习和课前预习两种。课堂预习是指上课时预习本节课的内容，而课前预习则是指上课前预习下节课的内容。三年级时，小学生通常可在老师的指导下先学会课堂预习；从四年级起，小学生就应学会根据课文前的预习内容和要求，自己进行课前预习。

就语文课来说，预习的一般步骤和方法是：先把课文读熟，再借助拼音、字词典并结合上下文学会生字词，标出自然段。中高年级的学生还应试着划分意义段，解答课后问题，检查自己的预习效果，提出自己的疑问，不会、不懂的地方作好标记，以便在上课时集中注意力、攻破难点。

预习时切忌走马观花、浮光掠影，而要字斟句酌、深入思考，边读边画、边读边想。除此之外，预习时还要注意以下几点：

（1）要根据课文的难易和自己的实际预习能力，合理安排时间；

（2）要学会自我检查预习效果，养成预习习惯；

（3）要根据不同内容采取灵活多样的预习方式；

（4）要从实际出发，学会独立思考。

只有这样，才能使我们收到良好的预习效果。

3. 专心听课

听课是在校学生接受教师指导、掌握技能、发展智力的中心环节，也是获取知识的主要途径。因此，学生要想学会学习，关键要学会听课。

听课要做到边听、边看、边想、边记，积极发言。

听：要带着问题集中精力听，跟着老师讲课的思路走，特别要注意听课的开头和结尾。

看：老师讲，眼睛看老师；老师写，眼睛看黑板；朗读、默读时，眼睛看课本。

想：要积极主动地思考老师提出的问题，要在老师没有作出判断、结论之前，自己先做判断、下结论，看看与老师讲的是否一致，想想对错的原因，听听老师解疑的程序与方法。遇到疑难问题时，要有主动求学的精神，大胆质疑，从而保持思维活跃、思路畅通。

记：除用大脑记忆外，更重要的是做好笔记。笔记的内容应提纲挈领，抓住主要内容。例如，讲课提纲，解题思路，重点难点，精、巧、新的解题方法，预习时未解决的问题，板书的基本内容，妙语佳句，补充知识，疑难问题，自己的见解和体会，等等。要处理好听与记的关系，以听为主，以记为辅。课后还要注意整理、复习和利用课堂笔记。

发言：除了要认真回答老师提出的问题外，还要大胆地向老师质疑，把自己预习、听课、阅读时的疑问提出来。

此外，还要讲究听课的技巧。在紧张中学会松弛，读写交叉，听说相间，力求获得最佳的听课效率。

4. 独立完成作业

作业是对课堂知识的消化与巩固，是学习过程中一个特殊的环节。它对于知识的巩固和学习素质的提高有着不可替代的作用。

独立完成作业是学生经过自己头脑独立思考，自觉灵活地分析问题和解决问题，进一步加深和巩固对新知识的理解与产生新技能的过程。它是最基本、最经常的独立学习活动，是检查能力、巩固消化所学知识的主要途径，也是反映学生学习情况的主要形式。

语文作业一般分口头作业和书面作业两种。口头作业包括读、说，书面作业以写为主，包括写字（书写）、做习题、写作文等。语文的口头作业往往被学生所忽视，这是错误的。教师要严格地要求学生把读课文、讲故事、朗诵诗歌、背诵课文等口头作业扎扎实实地完成，切忌走过场。只有这样，才能使学生在听、说、读、写诸方面都得到发展。

完成书面作业，要求做到：及时——当天的作业当天完成，当天的问题当天解决；独立——不到万不得已不要问老师或同学，不抄袭他人作业，不看现成答案；准确——没有考虑全面、没有把握时绝不放手，做一道题就要理解一道题；快速——提高答题速度，先易后难，先简后繁；规范——按规定的格式答题，书写工整、条理清楚。

书面作业完成后，要注意检查订正，养成细心、严谨的学习态度。检查可以从审题开始，然后按答题步骤逐步检查。既要纠正错处，又要分析做错的原因，防止一错再错。

5. 复习总结

复习就是重复学习已学过的知识。它起着归纳整理、加深理解所学知识以及承前启后的作用。因此，复习是整个学习过程中的一个重要环节。

复习有两大类：一类是课后复习，即每次上课后或学完每一篇课文后对新课所进行的复习。课后及时复习，能加深和巩固对新知识的理解和记忆，系统地掌握新知识。另一类是期末复习，即每学期期末考试前对所学课程进行系统复习。

除此方法外，根据其理论，按照实际情况，可以有其他多种不同的方法。

学会提问，大胆质疑

中国的学生放学回家后，家长会问："你今天在学校学到了什么？"

而欧美家庭，特别是父母是犹太人的会问孩子："今天在学校发现了什么好问题？"

一问之差，体现了东西方教育理念的差别。

事实上，学习不只是接受新知识、新观点，还要善于质疑，善于发表自己的见解。这样，所学知识才真正为学生所用。

古今中外一些科学领域的重大发明和突破，往往是从假设提问开始的。善于运用假设提问这种方法进行读书学习常常可以收到意想不到的效果。

怎样才能会问会学呢？

1. 学习中培养问题意识

"问题"是引导人类学习和智能发展的重要驱动力，因而霍华德·加德纳曾将智能界定为"解决问题的能力"。

所谓问题意识，是指人们在认识活动中，经常意识到一些难以解决或疑惑的实际问题及理论问题，并产生一种怀疑、困惑、焦虑、探索的心理状态。这种心理又驱使个体积极思维，不断提出问题和解决问题。思维的这种问题性心理品质，称为问题意识，它是培养学生创新精神的切入点。

一个优秀的学习者，必然是一个具有强烈的问题意识的人。也就是说，他总能发现那些有价值、有意义的问题，然后经过聚精会神、持之以恒的努力，他总能得出自己的结论。

然而，一个有价值、有意义的问题并不是那么容易发现的。我们周围充斥着显而易见的问题，这些问题无须发现，但在我们习以为常现象背后的那些问题，人们又常常难以发现。正如心理学理论所揭示的那样，大凡在科学上能独树一帜的重大发明与创新，与其说是问题解决者的功劳，毋宁说是问题发现者的功绩。仔细思考来看，这里所谓"发现",主要是指意识到某种现象的遮蔽之处,意识到寻常现象中的非常之处——但这当然不是一件容易的事。

这种例子举不胜举。比如,每天有无数烧开水的人都见到过水开时壶盖会跳,但此前却没有一个人能像瓦特那样专注地提问:"壶盖为什么会跳?"正是瓦特发现了这个问题,才由此发明了蒸汽机。而一个成熟的苹果由树上落到地上,人们更是习以为常,但也只有牛顿一人对此进行了深入思考,从而创立了名垂后世的经典力学。如果仔细推敲这些事例,我们就得承认:机遇只会光顾那些有准备的头脑,因为瓦特、牛顿们此前已对此类问题苦苦追寻多年,这才会因着某个事件的出现而豁然开朗。

因此,培养"问题意识"绝对不是一朝一夕之事,它同样需要持续的努力、专注的精神和一颗赤子之心。

2. 怎样质疑问难

我们要能提出问题,光有勇气还不行,还要会质疑问难的方法。在学习时,我们可以从不同书本与不同理论之间、不同推导与叙述之间、理论与实践之间、原有知识与新学知识之间进行比较,从正面叙述的反面去思考;从概念、判断、推理等逻辑结构上去分析;从论述的原因和结果中去验证,用多种办法去提出疑问,去发现问题,从而求得提高。例如,对一个新课题,可以问这个知识的具体内容是什么?为什么要学习这个知识?学习这个知识有什么用?哪些旧知识和它有联系?这个知识与相邻知识有什么区别和联系……

人的任何一种能力的形成都是循序渐进的,学会提问也是有一个过程的,在这个过程中,要有耐心慢慢来,如果能有老师在旁边指导和示范，这个过程会相对缩短许多。

除了要敢于提问，更要开动脑筋，积极思考，提出与众不同的、有较高质量的问题。

3. 提问亦要讲方法

首先，我们做任何事都要讲求方法。方法合适则事半功倍；方法如果欠妥当则恰恰相反，会事倍功半。提问也是如此。这里所讲的提问绝不是"一加一等于几"这样简单的提问。它有一个善不善于问的问题。

其次，善于提问的要求是：提问要从整体出发，系统设计、围绕重点，不枝不蔓地提问。也就是说，不要对一些鸡毛蒜皮、无关紧要的问题过多纠缠，同时要简洁明了。

最后，也是最关键的问题：提问要探明自己的疑点难点所在，问到关键处，即真真切切问自己不明白的地方。还有一个小经验就是提问要推陈出新，不落俗套。

10 个改进阅读的技巧

阅读不能依靠加快翻书的速度和人为地强迫眼睛运动等机械的方法来改进，这种方法是没有魔力的。只有在阅读技巧上下工夫才会产生魔力。以下是 10 个改进阅读的技巧。

1. 语调方法

默诵是阅读和理解过程中的一部分，可以运用它来进行有高度理解的快速阅读。

最有效地默诵即是通过语调。语调指的是在读句子时是用升调还是降调。换句话说，语调阅读就是有表情地阅读。语调能够自然地将单个的词汇组成有意义的"语段"。

要用这个方法，就得让视线像通常一样在书页上快速移动。不必发出任何声音，但要让思想在每一行上回旋，用一种"内耳"听得见的语调节奏，这就是有表情的阅读。这样做了，就是把文字变成书面形式后失去的重要韵律、重音、强音和停顿重新用上了。

为使不出声的语调阅读方式成为习惯，开始的时候，可以在自己的房间里出声地朗读。用 10 ~ 20 分钟来念完小说中的一章。要用夸张的表情来念，就像是在朗诵戏剧中的台词。这样一来，你在脑子里会建立自己的一些语言模式，在默读时，就会更容易"听到"它们。

2. 词汇方法

也许没有比积存丰富而精确的词汇这一方法更能可靠地、合理地来提高阅读能力的了。

精确的词汇要求我们把每个词都当作一个概念来学习，知道这个词的来源，几个主要含义，几个次要含义，它的一些同义词及它们之间细微的区别，以及它的一些反义词。于是，在阅读中遇到这个词时，大量的词汇便会闪现在面前，启发我们理解这个句子、段落以及作者想传达的思想。

3. 背景方法

读几本好书会使我们在很大的程度上改进阅读。这样说的第一个理由是因为这样做，会得到很多的练习机会，更重要的是，可以积累大量概念、思想、事件和名字，它们将在我们今后的阅读中发挥作用，这些信息被运用之频繁令人惊奇。

杰出的心理学家戴维·奥斯贝尔指出，阅读的关键性先决条件是我们已经掌握了的背景知识。奥斯贝尔的意思是：如果要理解所读的内容，就必须运用已掌握的知识（即背景）来理解它。所谓背景并不是生下来就有的，而是通过直接的和间接的经验而积累起来的。当然，间接经验是通过听、看电影或读书得来的。

很多作者在书上常常引用名著、名言或众所周知的事件。在许多情况下，我们虽然不知道出处，但仍能理解故事内容。但有时，一个引喻也可能是很关键性的，如果没有这个背景知识，就得去查找它的含义。为了说明这一点，我们拿罗伯特·路易斯·史蒂文森的一段话来作例子：

And most long ago I was able to lay by my lantern in content, for I found the honest man.

这一句由 20 个很简单的单词组成，其中许多单词只有两三个字母。其中有一个单词对理解这句话有着决定性作用。作为一个实验，在念下面一段文字之前，回过头去看看自己能否找出那个关键词。

这个句子中被人最多找出的两个词是 honest（诚实）和 content（满意）。不错，这两个都是美好的词，但都不是关键词。那个关键词应是 lantern（灯）。当然，史蒂文森指的并不是一盏普通的灯。第欧根尼是公元前 4 世纪希腊哲学家和批评家。他在大白天举着一盏点燃着的灯走在雅典的街道上，盯着看过路人的脸庞，他说他在寻找诚实的人。他是用夸张的手法向人们表明甚至在大白天举着点燃的灯也难找到诚实的人。

很清楚，如果读者不了解第欧根尼的故事，就无法完全理解史蒂文森的句子。而这不过是成千上万个例子中的一个罢了。我们不可能将每一个事实、神话、故事和诗歌存入自己的背景知识库里，但是，我们可以通过阅读，增加其容量，从而使阅读收到更好的效果。

要阅读巨著，前辈的智慧正是通过这些书籍传给后人的。它们可以向人们提供与王子、国王、哲学家、旅行家、剧作家、科学家、艺术家以及小说家"谈话"的机会。从感兴趣的书籍和科目开始，如果自己的兴趣狭窄，那也不必烦恼，一旦开始阅读，兴趣就会自然地扩大的。

4. 吉本方法：大回忆

著有《罗马帝国衰亡史》的英国伟大的历史学家爱德华·吉本（1737—1794年）经常运用"了不起的回忆"这个技巧。这种技巧是指有组织而认真地运用人们的一般背景知识。

在开始阅读一本新书或者在写某一课题之前，吉本常独自一人在书房里待上几个小时，或独自作长时间的散步来回忆自己脑中所有的有关这一课题的知识。当他在思考主题思想的时候，他会不断惊讶地发觉，他不可以挖掘到许多别的思想和思想片断。

吉本方法是极其成功的，因为他所凭借的是一些自然的学习原理：

（1）脑子里将过去的想法提到最前面，以备应用；

（2）过去的思想可以作为吸引新思想、新信息的磁力中心；

（3）这种回忆方法可使人集中思想。

5. 段落方法

为了更好地理解课文内容，可以在读完每一个段落之后，停顿一下，将段落内容概括压缩成一句话。要学会概括和压缩，就必须知道3种主要的句型：段落主题说明句、论证句以及结论句。

段落主题说明句，显然是指说明这个段落将讨论的主题（或主题的一部分）。虽然，这种主题句可出现在段落中的任何一处，但通常是段落的第一句，这样做有很充分的理由，即作者写作时与读者阅读时都能够有个中心。所以，如果发现了段落主题说明句，就立刻把它画出来，因为它不仅现在醒目，而且在以后的复习中亦很醒目。

大多数说明段由论证句组成，用来解释和证实主题。这些句子描述的是事实、理由、例子、定义、比较、对照以及其他有关细节。这些句子最重要，因为正是这些句子说服读者接受作者的思想。

课文中每段的最后一句话可能是结论句。用来概括讨论内容，强调要点和重述整个或部分主题的说明句，从而结束这一段落。

当然，阅读的段落是一部比较长的作品的一部分，课本中的一章，一章中的一节或者是报纸杂志中的一篇文章。其中，除了新信息的提出并讨论说明段外，这种比较长的作品包括以下3种形式的段落：

（1）导言段。这种段落能够预先告知：这一章或这一节要讲的主要思想；所讲内容的广度和限度；主题是如何发展的，作者对主题的看法。

（2）转折段。这种段落通常是很短的，它们所起的唯一作用就是把已读过的内容和以下要读的内容联系起来，即起承上启下的作用。

（3）概括段。这种段落是用来简要地重述这一段或这一节的中心思想，作者也可以根据该章的中心思想作出某种结论。

这3种形式都应该提醒：导言段表示将讲些什么，转折段表示即将讨论一个新的主题，概括段指出该段内容的中心思想。

6. 结构形式法

有成效的阅读的秘诀是思考。我们必须思考所读到的词以及这些词所代表的思想。这听上去挺简单，事实上却并非如此。问题是：我们阅读的时候，思想常常不集中。我们在思考别的问题时，就不能思考我们正在阅读的内容。

有一种方法可以使我们阅读时集中思想，就是看出并认识到作者所用的结构形式。这样，我们就会和作者一起思考。例如，我们认出正在读的段落是按时间顺序来组织的，就会对自己说："我知道她在写什么，她是把大萧条期间所发生的主要事件按年份来描写的。"领会了这个结构形式，思想就会逗留在阅读的作品上并会一直思考。

7. 一次一页方法

托马斯·麦考莱（1800—1859年）是英国的政治家、史学家、小品文作家和诗人。他的最伟大的作品——《英国史》出版后，销量超过了当时所有其他书籍而仅次于《圣经》的销量。

麦考莱在3岁时候便开始阅读成人的书。但在读了一书架一书架的书籍后，他突然发现花了那么多精力并没得到许多知识。

他能够看懂作者们的每一个字，似乎也理解他们想要说些什么，但他不能概括书本所讲的思想，甚至也不能用一般的措辞形容作者所写的内容。

他对解决这个问题的方法作过如下的描述：

当我念到每一页底下时，总让自己停下来想一想这一页所写的内容。起初我总要念上三四遍才能使自己的思想稳定下来。但我强迫自己来遵守这一规定。一直到现在，当我念完一页时，就差不多能把它从头至尾背出来了。

麦考莱的方法至少有一些非常基本、诚实和令人耳目一新的建议，没有什么复杂的公式，只要在每页结尾的地方，问一下自己："简单地说，作者在这页里讲了些什么？"

这个曾有益于麦考莱的方法对我们同样有用。这会使我们集中注意力，它也教导我们在阅读过程中不断地进行思考。每次停下来作一次简单的回顾，也会加强我们的记忆力。

8. 丹尼尔·韦伯斯特方法

丹尼尔·韦伯斯特有他自己的集中注意力的方法：他在读一本书之前，先看一遍目录，读一遍前言，再翻上几页。然后开列这样的几张表：

（1）他期望这本书能回答的问题；

（2）他期望阅读中得到的知识；

（3）这本书会把他引导到哪里去。

这3张表指导他读完全书，并使他的注意力高度集中。

9. 关键词方法

在阅读时最能给予帮助的词是介词和连词，它们能够引导我们紧跟作者的思路。如"furthermore"这个词表示："继续下去！""however"表示："后面部分需要引起注意"。

掌握上述词汇或短词，就立即能成为一个更好的读者。

10. 略读方法

学生和商业行政人员都认为被广泛应用的阅读方式是略读。略读包括多种速度用途，从快读一直到查找，虽然查找简直不能称为阅读。所以，是用快读还是用查找，或介于两者之间，取决于个人的自由。必须使略读的方式与个人的目的相配合。否则，就是浪费时间。

下面是略读的5种目的以及各自可采用的方法。

（1）大海捞针。如果要查找一本教材或一篇文章内所提供的信息（如姓名、日期、词或短语），可以用略读的方法查找。因为在寻找的时候并不需要理解，只要辨认，便可找到答案。为了保证自己的眼睛不漏看要找的词或事实，在一页页浏览的时候要注意集中注意力来找这个词或事实。这样，就会在字的海洋中把它找到。

一旦找到了这个具体的字或事实，最好先停顿一下，然后再念一下它周围的句子和段落，通过上下文来确定是否已找到了要找的字或事实。

当我们运用查找方法时，如果时间不多，那么就要不受阅读整篇文章诱惑，因为我们的潜意识里可能是想推迟学习。如果确实有时间，那么不妨满足好奇心，把文章念完，这对下一次的考试可能没什么帮助，但所获得的知识是有用的，能丰富自己的常识。

（2）寻找线索。我们想要找到一条特定的信息，可又不知道它会在哪些字眼中出现，那么你就要用慢一点的查找方法。既然这样，是没办法预见那些确切的字的。所以，我们就得注意线索，而线索则是可以以各种方式出现的。

（3）要领。有时候可以通过略读来抓住一本书或一篇文章的要领。我们可以用这种方法，来弄清楚一本书是否同研究的课题有关。为了抓住要领，可以很快地念一念导论和摘要，也可以看一看一些已包含重要论据的主要说明句的段落。

在准备写一篇学期论文的时候,这个略读法对我们会有所帮助。在资料室查阅完目录卡片,并列出一张看上去与自己的题目有关的书籍名单后,把这些书籍拿来看一看,剔除一些与自己的题目无关的书籍,保留与自己的题目有关的书籍。很明显,如果想阅读书单上的所有书籍,要看一看目录,或者选择标题与你论文的题目有关的一章,略读一下,从而得到这一章主要的思想。

(4)对教材中的一章作总的了解。这样做能在不同程度上达到对课文的理解。一般来说,这种略读要求对解说词标题、副标题及段落的几个部分能够理解,从而知道重要的概念将在何处讲述。这样的略读可以使我们弄清楚每一部分在整体中的相对重要性。

(5)为了复习而略读。应付考试或背诵而进行的复习也可用略读这个方法。把以前所读过、钻研过、做过笔记的内容略读后,为了更有效果,应不时停下来试试将每一章重要的概念背一下,或概述一下这一章的内容。

读完课本中的一章后,就像一张拼凑成了的七巧板拼图一样,一定要对全章作总的观察,把它作为一个整体来理解。

为了使略读成为一个有效的工具,必须练习,要记住使这种方法适合自己的目的。略读可为我们的学习以及将来的工作节省时间。

10种做读书笔记的方法

有句名言:"不动笔墨不看书。"所谓"动笔墨",指的就是做笔记。做笔记是一个成功的学习方法。它可以巩固记忆、启迪思路、磨炼文笔、启发创见。许多大师的笔记就是精彩的文章。那么,如何做笔记呢?古语有云:"文无定法",意思是说,写文章没有一成不变的格式和方法。其实,做笔记也没有僵死凝固的格式与方法。每个人都可以依照自己的习惯,根据学习的需要,采用个人熟悉的方法。但是,如何做笔记还是有一定规律可循的。就读书笔记和观察笔记而言,大体有以下10种方法。

1. 标记法

读书时,在重要之处划杠标号,即浓圈墨点之法。鲁迅擅用此法。据许广平回忆,谁如果向鲁迅先生借书,他总是另外买一本新的借给人家。对自己读过的那本书,他是不肯轻易出借的。因为他在自己读过的书上浓圈密点、划杠打叉、笔注眉批,着实下了一番工夫。这些标记醒目地表示了他对该书某些论断的看法,或肯定,或纠谬,或质疑,或补充。鲁迅已把读过的书变成自己的了。

2. 旁批法

读书时,在书的天地头或行距间,写上自己的见解或感受,保留稍纵即逝的思想火花或一闪而过的微妙灵感,即为旁批法。

毛泽东擅用此法。他年轻时读过的书,于空白处写满了各种批语,有的写着"不通""荒谬""陋儒之见",有的写着"此语颇精""言之成理""此语甚合我意"。还有大段独到的见解和精辟的发挥。在韶山毛泽东同志纪念馆,有一帧毛泽东读过的康德派哲学家鲍尔生著的《伦理学原理》一书的照片。在书页的眉头和行间,毛泽东写满了密密麻麻的批语。这本不过十来万字的书,毛泽东在上面写了1万两千多字的批语。这些批语,绝大部分是他对伦理观、历史观和世界观的见解。

3. 摘抄法

从书上摘抄下来所需要的材料,就叫摘抄法。这是经常运用的一种方法。摘抄的过程就是对阅读进行筛选、提炼的过程。在摘抄中,大脑紧张地运转,会使人保持高度的注意力,提起阅读的兴致,增强记忆的能力。

那么,如何进行摘抄呢?有目的地读书是摘抄的前提。摘抄必须有选择、有步骤。

(1)先阅书的前言,决定是否阅读全书,再读书的正文,找出相关的部分,进行摘抄。

(2)边读书,边夹纸条或作记号。全书读过之后,再从头摘抄。

(3)如果是无目的的泛览,那就可以边读边摘,或典故,或美词,或名言,或警句,兴之所至,尽情抄来。

4. 提要法

对一本书提出主要之点的方法,叫提要法。读历史书要摘记重要事件,读哲学书要摘记主要论点。一本书的提要,应包括书名、作者、页数、章节、出版年份及内容简介。有的提要,除摘出作者的主要论点和基本论据外，还要写明自己的见解。

5. 随感法

就所读过的书的某个论点或某些言论抒发感想、说明道理或进行议论的方法，叫随感法。这种读书笔记是把原始资料经过自己大脑的整理、分析、研究与综合后而形成的，通常叫做读后感或心得笔记。这种写法比较活泼、自由，可以谈体会，说心得，评正误，议是非。

6. 札记法

这是读者对作者文中的观点进行补充、订正或质疑的一种记笔记的方法。此法通常应用在学术性较强的读书笔记上。报刊上常见的"读史札记"就是其中的一种。应用这种方法，既可以对原著的某些论点加以引申与发挥，又可以提出质疑和商榷。写札记时，最主要的是要多问几个为什么，不要人云亦云。只有这样，才能培养思考力，启发创造力。

7. 对比法

把不同的观点进行对比的做笔记之法即为对比法。列宁经常把各种不同的观点拿来对比，写成对比笔记。《列宁文集》第十九卷就可以说明这一点。列宁把反对马克思主义的"批评家"的意见仔细地作成概要，择出其中最鲜明、最典型的观点，并用马克思的言论与之对比。这就明显地看出了"批评家"意见的谬误，有力地表现了马克思观点的正确性。

8. 草图法

在一部著作写成之前，用简练的语言把最本质、最重要的观点写出来，犹如美术作品定稿之前的草图，这种方法叫草图法。草图不是提纲，比提纲要充实、详细。草图是定稿前的雏形，有纲有目，有骨有肉。美术家们经常用简单的线条勾画出伟大艺术品的草图。草图的线条精练明晰，所以本质的、隐秘的东西往往比定稿表现得清楚明白。成型的图画中的细腻的描绘、精微的线条和刻意的着色，往往冲淡了人们对主要之点的注意力。

达尔文在《物种起源》发表 17 年前，就用草图法写成了一本笔记——《一八四二年概要》。

这个概要是在达尔文死后 14 年才发现的。在纪念达尔文诞生 100 周年时，他的儿子把这份概要加上自己的注释出版了。达尔文用极简练的行文匆匆草就了这份概要，涂抹和修改之处很多。实际上，这是用草图法把自己新发现的东西仓促写成的笔记。但是，令人吃惊的是，达尔文在一些不通的、含混的、删节的句子中，表述了如珍珠般闪闪发光的精彩的思想。

9. 观察法

通过直接观察的记笔记之法，叫观察法。达尔文在历时 5 年的环球旅行中，对动物、植物和地质进行了大量的观察、采集，写下了共 18 本、计 50 万字的考察笔记。这些笔记为《物种起源》提供了翔实的论据。

10. 速写法

用精练的语言把自己的观察所得快速记下来的笔记之法，叫速写法。这是观察笔记的一种。

俄国著名作家列夫·托尔斯泰身上总是带着一个笔记本，以为速写之用。一次，俄国著名肖像画家尼古拉·甘来见列夫·托尔斯泰。

他们交谈还不到 3 分钟，托尔斯泰就走向书桌，打开一个厚厚的笔记本，奋笔疾书：

这是一张叫人无法捉摸的神秘画家的脸！他额上的皱纹犹如水中涟漪——舒展着、舒展着，皮肤就马上变得如孩子般光滑了。他的眼中似乎满是忧郁又仿佛满是欢乐——看着他的双眸使你不禁既想哭又想笑！他说出的句子都十分短促——你能清楚地感到每个句子后面的感叹号和省略号。"

这是一段绝妙的文字肖像描写，用时不到 3 分钟。但也就在同时，画家为托尔斯泰画了一幅美术肖像速写。这就是著名的《奋笔疾书的托尔斯泰》。这个故事最恰当地说明了什么叫速写法。

以上记笔记的 10 种方法应综合运用。读书时，记标记，作旁批，写摘录，书心得，细细读去，缓缓写来，实是一件赏心悦事。俗话说，好记性不如烂笔头。在读与写的过程中，随着时间的流逝和推移，我们的知识会不断地积累与增长，又会让你取得意想不到的进步。

18 条节约时间的原则

就像驾驶汽车一样，一个人不管旅程的远近，都有一些基本的原则，制订一份学习时间表也有一些基本的原则。下面是大部分学习时间表都适用的一些总的原则。

1. 消除无所事事的时间

使每一小时都变成富有成效的时间单位，我们一生中有些最重要的功课往往是在不到 1 小时的时间内学到的。

2. 利用白天时间

研究结果表明，白天学习 1 个小时等于晚上学习 1 个半小时。

3. 背诵型课程在课前要进行复习

一门要求背诵或讨论的课程，在上课前进行复习会有很大的好处。这样做，可以使人对所学的材料记忆犹新。

4. 讲座型课程可在课后温习

对讲座课来说，课后马上复习笔记，可以帮助人加深理解并记住讲课内容。

5. 按事情的重要性排先后次序

把首要的事情排在首位，你就可以把最重要的事准时做好。

6. 避免过多的细节

在 1 周的时间表中排入过多的细节是浪费时间。有两个理由：其一，制定这样一个时间表所花的时间不如用来直接学习一个科目；其二，一个人要想按这份时间表工作学习是不大可能的。

7. 弄清楚自己在什么时候需要睡眠

我们每天都有困倦和清醒的周期，如果一个人的工作、课程和情况允许的话，在困倦的时候睡觉，在自然清醒时学习。

8. 弄清楚自己应该学习多长时间

学生上 1 个小时课，就应该复习 2 个小时，这个粗略的统计至多只在大体上有指导意义。学习时间实际上要根据不同的课程和不同的学生而有所变动。但是，学生可以从上课 1 个小时复习 2 个小时开始，在搞清楚做完每门作业需要多少时间后，再根据自己的实际情况来调整时间。

9. 安排好时段

每段安排 1 个小时，就会得到最高的效率，可以用 50 分钟来学习，用 10 分钟来休息。

10. 要有足够的睡眠时间

医学研究证实：每人每天必须有 8 小时睡眠。我们不应弄错这一点，即学习质量的好坏取决于是否有足够的睡眠。

11. 要均衡进餐

三餐要吃得从容、吃得好。一般来说，大部分时间吃油腻的或其他低蛋白质的食物，对身体和大脑都是没有好处的。饮食不足会导致烦躁、疲倦以及没有干劲。

12. 加倍估计时间，费时的事要提前做

大多数人都会低估工作所需的时间。为了避免在交作业的前一天晚上发觉在 3 个小时内赶不出一篇 1 500 字的论文，就应尽可能早地着手写作，这样就会有更多的时间。

13. 别把时间安排得太紧

计算时间要精确，但也得为在最后 1 分钟冒出来的问题留下解决的时间。

14. 时间表的类型

每个人都应当选择与其个人情况最适应的时间表类型，这点很重要。有些人把所要做的事列成一张简表，以便能把时间利用得更好。一个人应制订哪一个类型的时间表要根据他个人情况来定，而不应该采用那些几乎对任何人都不适合的某种理想的模式。

适合一个人的时间表是行之有效的。随着时间的流逝和经验的增加，会使自己的时间表不断地完善，一直到它能完全适合自己的情况为止。

一张时间表，如同一个闹钟一样，代表着一个计划。闹钟的闹铃声是起床的信号，那么在书桌旁坐下意味着你该开始学习了。这些都取决于个人的态度。如果养成了一坐下来马上就精力充沛地学习的习惯，就能完成很多工作。他的成绩，会使后续着手工作比较容易。

无论在教室、实验室、图书馆，还是其他什么地方，精力充沛和富有进取心的态度，必须成为人的习惯。譬如，在听课的时候，必须头脑机警灵活，努力捕捉讲课者的思想，将它们记在纸上。

在图书馆里，有的学生漫无目的地走来走去，或者看着别的同学进进出出。如果你来图书馆的目的是为论文搜集数据，那么就走到卡片目录那里去，收集参考资料，把书拿到手，然后就开始阅读并做笔记，根据自己的计划做完一项作业。

聪明合理地运用时间，是取得学业上成功的很重要一个部分。明智地安排时间，最好按照自己订的计划工作学习。

15. 学会拒绝

拒绝请托是为了保障自己的工作和学习时间的有效手段。倘若勉强接纳他人的请托是会干扰自己的步伐的。当一个人能够克服"不好意思拒绝他人的请托"的心理，并且具备"拒绝他人的请托"的技巧，就能节省很多时间和精力。

在诸多请托中，有一些是责无旁贷的；另一些请托本身是不合理的、无法办到的。

这里讲一讲如何拒绝后一类的请托。

为什么有的人不好意思拒绝他人的请托，而去干那浪费时间的事呢？其原因可能有：

（1）接纳请托比拒绝更为容易；

（2）担心拒绝之后导致请托者的报复；

（3）想做一个广受喜欢的人；

（4）不了解拒绝他人请托的重要性；

（5）不知如何拒绝他人的请托。

消除前4种原因，必须从自我观念进行转变，至于不知如何拒绝他人的请托，有下面几种方法可供参考：

（1）耐心倾听请托者所提出的要求，以示对请托者的尊重。即使在他述说的半途中即已知道非加以拒绝不可，也必须凝神听完他的话语。

（2）拒绝接纳请托时，应显示本人充分理解这种请托对请托者的重要性。

（3）拒绝接纳请托时，在表情上应和颜悦色，并略为表达歉意。

（4）拒绝接纳请托时，最好能说明理由，假若请托者试图推翻本人所说的理由，则可反复说清理由，最好不要发生争执。

（5）要使请托者了解，本人的拒绝是对事而不是对人的。若有可能，应为请托者提供处理此事的其他途径，但不要通过第三者拒绝请托者的请托。

（6）不要被请托者说服而打消或修正本人拒绝的初衷，否则会显得自己不诚恳，更没有达到节约时间的目的。

16. 防止"不速之客"的干扰

所谓不速之客，是指未经预约的来访者。不速之客的干扰，既浪费时间，又打乱思路，使自己难以专心学习。若想对付不速之客，下列途径可以试一试：

（1）不要采取无条件的"门户开放政策"。最好"授权"给自己的家人甄别并阻拦来客；最好将学习室安排在一个"隐蔽"的地方。

（2）在学习室外接见不速之客。有的来访者不愿向家里的人透露来意，则可在学习室外见客，这样有助于缩短会客时间。

（3）站立会客。来访者不顾家里的人的阻拦而登堂入室，则可马上起立并给予友善的招呼，这样可避免对方坐下，缩短面谈的时间，使主人在心理上居于上风。

（4）限时面谈。和来访者面谈之初，可向来客言明能面谈的时间究竟有多少。采用此法可由家人代言，如由自己述说这类话，则需讲究技巧，以免被来访者视为傲慢无礼。

（5）推迟回家。为了增加学习时间，有工作的自学者可推迟下班，在校学习的学生可延迟回家，这是因为下班放学后的不速之客通常以闲聊者居多。

法国著名作家维克多·雨果，有一回为了按时完成一部新作品，一直紧张地在写作。可是，外面不断有人来邀他去赴宴，出于礼节，他不得不去，为此浪费了很多时间。最后，他想出了一个绝妙的办法，把自己的头发剪去一半，又把胡子剪掉，再把剪子扔到窗外。这样，仪容不整的他就不好出去会客了，不得不留在家里按时完成他的写作任务。

17. 充分利用交通时间

这里指的是上下班、上学放学的交通时间。尽管交通愈来愈发达,但目前在城市里每天花 1～2 个钟头的交通时间是司空见惯的事。小数目怕长计,每年的交通时间其实很可观。如何运用这段时间呢?

有意避开交通拥挤的高峰时间。办法是提早或推迟上下班以及上学、回家的时间。这样,既可获得学习的时间,又可在车上找到座位,得到休息。

如果有可能,有些单位可以实行弹性工作制度,晚上班、提前上班,则可避开交通拥挤的高峰时间,获得类似上一项的好处。

你利用上下班、上学放学的交通时间,构思当天或计划第二天开展的工作和学习的细节;还可随身携带书籍、笔和笔记本,在等车或乘车时进行学习。

18. 改掉浪费时间的坏习惯

为杜绝浪费时间,学习时应改掉下列习惯:

(1)脑子里想别的事;

(2)心神不定;

(3)找东西;

(4)不时喝茶和上厕所;

(5)写日记、看微信和聊 QQ;

(6)在网上看八卦和视频;

(7)被手机音乐、电视、收音机的节目分了心;

(8)被别人的活动和欢笑声分了心;

(9)闲谈;

(10)打盹。

请抓紧时间,好好努力,向着自己的目标前进吧!

Chapter 07
聪明人是如何工作的

无数人的经历证明：努力工作并不能给自己带来快乐，勤劳工作也并不能给自己带来想要的生活。

相信努力、相信"天道酬勤"，这是没有错的，但设法减少精力和时间的无谓浪费，用高效的工作方法来获取最大的成果，是不是更好呢？

这就是要告诉你：要聪明地工作，而不只是勤奋。

立刻行动

立刻行动不是傻傻地执行，先把目标吃透就是高手的秘诀。

美国前总统罗斯福的夫人在年轻时从本宁顿学院毕业后，想在电讯业找一份工作，她的父亲就介绍她去拜访当时美国无线电公司的董事长萨尔洛夫将军。萨尔洛夫将军非常热情地接待了她，随后问道："你想在这里干哪份工作呢？""随便。"她答道。"我们这里没有叫'随便'的工作",将军非常严肃地说道:"成功的道路是由目标铺成的!"

下面是6个具体实现目标的"黄金"步骤:

(1)把目标用数字表示出来。简单地说:"我需要很多、很多的钱"是没有用的。你要在心里,确定你希望拥有的财富的具体数字。

(2)把目标和努力与行动结合起来。例如,你要确确实实地决定:你将会付出什么努力与多少代价换取你所需要的钱。

(3)写出实现目标的时间表。没有时间表,你的船永远不会到达彼岸。所以要规定一个固定的日期,一定要在这日期之前把你想要的钱赚到手。

(4)把上述的目标、行动和时间,完善成一个具体计划,并马上进行。耽于幻想,而不去行动,目标就永远是空中楼阁。

(5)将以上4点清楚地写在纸上,不要仅仅依靠你的记忆力,而一定要体现为白纸黑字。

(6)每天2次、大声朗读你的计划。比如,在晚上睡觉以前,在早上起床之后。而且你朗读的时候,就想象自己已经看到、感觉到并深信你已经拥有这些钱。

立即行动,还体现在对一些日常事务的处理上。如果能够把"行动"养成习惯,那么"拖延症""懒癌"就会不治而愈。你可以从以下技巧开始,提高自己的行动力。

1. 2分钟原则

凡是2分钟内就可以完成的事,立刻做完。人的大脑擅长分析处理,不擅长记忆。例如:

（1）加微信、加 QQ 时，顺手添加备注名，或许下次联系已经是 3 个月后了；

（2）开完会立即写备忘；

（3）吃完饭立刻洗碗，分分钟的事；

（4）物归原处分分钟，下次再找好轻松。

2. 5 分钟原则

开动前，先给自己一个 5 分钟的高度集中精神工作的时刻，全力以赴，迅速进入工作状态。由于限定的是 5 分钟，心理焦虑就不严重，会很快把工作状态调动起来。产生拖延的多数原因是心理焦虑，而仅限定 5 分钟的工作时间，从一开始就没有焦虑，可以帮助你迅速进入状态。例如：

（1）写作，从写标题开始；

（2）整理书柜，从眼前这本书开始。

3. 随时记录

把任何时候的灵感、想法、思路等一切东西，觉得有用就务必要记录下来，因为分分钟你会忘记，只有记录下来才有实现的可能。例如：

（1）关于工作的想法；

（2）关于给亲人的礼物；

（3）一句好文案。

4. 立刻起床

记住：被窝是青春的坟墓。听到闹铃立刻起床，不要给自己设置缓冲时间，回笼觉对身体百害无一利。

5. 学会做总结

每天晚上给自己一个独处的时间，思考自己的言行，得与失，最好做个记录，比如日记。完成一个大的项目或者事件时学会做总结，为下一次做同样的事情打基础。

6. 利用碎片时间

学会利用碎片时间，集腋成裘，比如阅读、思考或休息。

7. 常用的东西要舒服

常用的鼠标、键盘、手机、包等，这方面不要吝啬，甚至要学会适当奢侈，选择最舒适的，工欲善其事，必先利其器。

8. 把锻炼和兴趣联合起来

比如，跑步是一件很痛苦的事，但有人就在跑步的时候听评书、听音乐，甚至在跑步机上看连续剧，一下就觉得跑步的痛苦好像消失了。

学会分类

对事情分类、对知识分类、对人分类，是高手做事的另一个秘诀。

1. 将事情分类

现代办公室里的典型场景是：堆满桌子的文件、一个接一个的电话、不断来访的客人、顾客的投诉抱怨……有的人深陷其中，忙得焦头烂额，而高效成功的人士却能够从容地应对这一切。他们懂得如何把重要紧急的事放在第一位，懂得如何授权给别人，懂得如何减少干扰、如何集中注意力。归根结底，他们懂得将事情分类，分清轻重缓急,然后再按次序处理。

将事情分类最有效的方法是遵循 80/20 法则。首先找出 20% 最重要的事情,保证这些事情能够优先得到处理,然后再分配时间和精力去处理 80% 的琐碎之事。

2. 将知识分类

将知识分类,就是根据知识的类别建立自己的知识体系,当知识体系里的知识相互关联起来的时候,就成为知识结构,这时学习知识就不是加法关系,而是乘法效率了。

要想在某一领域有所成就,必须要有相应的知识结构,怎样才能够建立较为正确与合理的知识结构呢?答案是:以目标为中心,建立网络式的知识结构。

例如,你立志成为文学家,你的知识结构就要以文学为中心,以生活、民俗学、社会学和人类学为知识网络 4 大关节点,还要结合运功、绘画、科技、法律,等等。总之,生活知识越丰富越好。例如,语言知识对文学大师也是十分重要的。

而如果你想成为物理学家,你的知识结构就要以数学、物理为中心,以宇宙学、光学、化学、生物学为知识网络的 4 大关节点。当然,还要了解东西方哲学文化,还要喜欢音乐、棋牌等智力娱乐,拥有了这样的科学的知识结构,你就有可能成为中国的爱因斯坦。

3. 将人脉分类

将人脉分类,并不是"人分三六九等""看人下菜碟",也不是说对某些人就可以不尊重,而是根据人的分类来分配自己的精力。

人脉必须经营,不断地积累和投入自己的人脉,会产生奇迹般的效果。人脉关系可以分为以下 3 大类：

第一类：亲情人脉。这主要包括血缘、亲属、配偶……这类关系属于最为亲密的，资源整合也是最容易的，帮忙办事也是最方便的，不需要不好意思，勇敢地将自己的需求提出来，可以用亲情来打动所求之人。这部分人脉在维护的时候，靠的是血浓于水，靠的是日积月累的真诚与彼此关怀。

第二类：友情人脉。这主要包络战友、同学、同事、同乡、领导、知己、志趣相投……这类人脉关系最为复杂，也往往最有价值，而人们平时最不重视维护的也是这部分资源。平时维护要定期，更新要迅速，一个微信、一个电子邮件、一通电话都是维护的好方法。

第三类：专业人脉。这主要包括专业方向上的老师、顾问、朋友、业务伙伴、同行、客户等。这类人脉的情感关系较浅，需要用共同的事业和利益去维护。

对事、对知识、对人的分类分得越细致，就越能在过程中把握常人注意不到的细节。

精力集中

做一件事的时候，能够全情投入，是高手跟普通人的区别。

有人问拿破仑打胜仗的秘诀是什么。他说：就是在某一点上集中最大优势兵力。也可以说是：集中兵力，各个击破。这句精辟的话道出了集中精力对成功的重要性。

许多勤奋人工作，不可谓不努力，工作时间不可谓不长，但就是成效不大。而他们自己也清楚，效率不高的原因是他们的精力没有得到有效的集中，这常常是他们自责的原因。他们一直在忙碌，而实际上，工作、学习的内容没有多少进到他的脑子里。这实际上是工作方法的问题。

如果你在 1 个小时内集中精力去办事，这比花 2 个小时而被打断 10 分钟或 15 分钟的效率还要高。当你受到干扰之后，你还得花时间重新启动你的思维机器，尤其当你受到几个小时或几天的干扰之后，就更需要较长的时间来加热思维机器。这对效率无疑是有极大损害的。这也就是为什么有的人整天很忙，却总觉得自己的时间不够用。

对很多人来说，集中精力比较难，因为他们容易受到干扰。一切都可能成为干扰：一项体育活动、热点问题，某些生活情形、与同伴的争执甚至天气等，不一而足。比如，有的人在雨天不能有效工作，是因为"阴雨天影响情绪"。如果你将自己的时间主要花在应付干扰和琐碎的事务上，你永远无法真正驾驭自己的生活。相反，尽量排除干扰，努力朝着自己的目标向前者，才是其生活的设计者。

有人为了消除精神疲劳、改变心情，常常会在写字台周围摆上各种不相干的玩意儿。实际上这些东西无形中也会对你形成干扰，尽管是不易察觉的。这时候，办法只有一个，除了达到当前目的所必备的东西之外，不让自己看其他东西。

在做一件事情时，用多少时间并不重要，重要的是你是否"连贯而没有间断"地去做。现代多产小说家之一，法国侦探小说作家乔治·西默农在写一本书的时候，就把自己完全和外界隔绝开来，不接电话，不见来访的客人，不看报纸，不看来信。正如他说的，生活得"像一名苦行僧"。在他完全沉浸于写作大约 11 天之后，他出来了，并完成了一本最畅销的小说。

歌德说："有一件事是你总能预想到的，那就是不可预见之事"。干扰总会有的，我们应该学习如何对待它。

一个出租车司机，每个冬天总会因为还使用着夏季轮胎而有几次在雪天无法出车。你会如何评价他？你会说："他应该早作打算。"正如某些地区每个冬天都会下雪一样，如果我们能对可预见的情况早作打算，很多干扰就可以避免。

当然，谁也不能预见每个意外。有时会出现燃眉之急，要求我们立即处理。紧急情况出现的可能性较高以致每周甚至每天都发生。关键在于：他们应该把这些干扰纳入计划、而不是让它们来瓦解计划。要么你围着干扰转，要么让干扰跟着你转。

你应该懂得在日程表中安排一个专门处理干扰的时间。为此，每天应至少应该安排 2 个小时。如果不出现问题，你就赢得了额外的时间。无论如何，你不要让干扰耽误了你所计划的结果。同样，你也可以每 14 天安排 1 天专门处理干扰，或是每 6 个月安排 3~5 天。如果可能，你可以聘请某人，替你处理那些可由人代你应付的干扰。这些都是很有效的方法。

你应该时刻记住，花多少时间做事情并不是最重要的，关键是做事的质量，也就是做事时集中精力的程度是更加重要的。重视时间的长短却不重视利用它的效果是人们经常走入的一个误区。

迭代求完美

迭代是循环执行、反复执行的意思。"迭代求完美"是近年来在互联网企业中广泛应用的一种工作模式。

传统企业做产品的路径是：不断完善产品，等到完美的时候再投向市场，再修改完善就要等到下一代产品了。而"迭代求完美"的工作模式，讲究的是快，讲究尽快将产品投向市场，然后通过用户的广泛参与，不断修改产品，实现快速迭代、日臻完美。

特斯拉是不断迭代的产品，它不是一开始就是走这个模式的。特斯拉生产第一款车时，没有自己的生产线，那款车的整体结构是从一个英国品牌买到的。由于这个车整体是买一个已有车的结构，所以特斯拉没有办法做出一个革命性的电池安置，只好把大块电池安装在车上。特斯拉生产的第一款车非常难看，结构设计不合理，等于背部背了一个大炸弹。而现在，特斯拉已经完美解决了这个问题，特斯拉没有服务中心，一旦有问题就派出一个大车，里面装一些工具，把车开过来解决问题。特斯拉最开始并没有服务中心，而现在这些中心和最好的汽车中心可以媲美。

所以迭代是颠覆式创新的灵魂，在特斯拉整个发展过程中，迭代起到了非常大的作用。

互联网产品在推出时，通常显示有测试版，也有封测、公测等概念。互联网会重视用户社区，重视粉丝建设，依靠用户的集体智慧，帮助完善产品，从群众中来，到群众中去。

2000年，百度完成了第一版的搜索引擎，功能已经很强大，超过市面上的其他搜索服务。但是从纯技术的角度来看，第一版搜索程序或许还存在一些提升的空间。开发人员秉承软件工程师一贯的严谨作风，对把这版搜索引擎推向市场有些犹豫，总是想做得再完善一点儿，然后再推出产品。

当时，对是否立刻将这款并不完美的产品推向市场，百度的几位创始人也仁者见仁，智者见智，大家的意见很不统一。最后，还是李彦宏来下了结论："你怎么知道如何把这个产品设计成最好的呢？只有让用户尽快去用它。既然大家对这版产品有信心，在基本的产品功能上我们有竞争优势，就应该抓住时机尽快将产品推向市场，真正完善它的人将是用户。他们会告诉你喜欢哪里不喜欢哪里，知道了他们的想法，我们就迅速改进，改了一百次之后，肯定就是一个非常好的产品了。"李彦宏说，"所以，这个过程中不怕错走弯路，但重要的是快速迭代，早一天面对用户就意味着离正确的结果更近一步。"

上线后，百度的新产品果然受到用户的普遍欢迎。当然，从后台观察上百万用户的使用习惯与应用方式，也让大家更清楚了用户需求，从而明确了改进的方向，技术部集中力量进行了一轮又一轮的攻关改进，1周之内，功能已经进行了上百次更新，而这种优化从此便延续下来，直至今日。

如果秉承完美之后再推出的心态，百度可能永远也不会推出自己的搜索引擎，因为用户的需求日新月异，永远都没有最好，只有更好。

今天，百度产品的更新迭代更快了。大家可能不知道，其实每天都会有上百次更新升级上线，网页搜索的结果页每一天都有几十个等待测试上线的升级项目，失败了不要紧，改过再上。百度的工程师已经习惯了一个叫"AB test"的开发模式，即如果我们不确定A、B两种结果哪个更符合用户的需求，就让用户来为我们test，得到结论迅速调整。

正是这种越来越快的迭代演化使百度在中文搜索引擎的生态圈里永远保持在进化链的最高端。

在一次总监级别的会议上，李彦宏详尽地阐述了他的"快速迭代理论"，"这个产品究竟是该这么做还是那么做？用二分法来看，经过100次试错之后，你就能从101个选择中，找出那个唯一的正确答案"。

在他看来，用户是最好的指南针，任何产品推出时肯定不会是完美的，因为完美本身就是动态的，所以要迅速让产品去感应用户需求，从而一刻不停地升级进化，推陈出新。这，才是保持领先的捷径。

普通人遇到不完美可能会停止继续向前，而高手则会通过不断尝试，一次比一次做得更好，最终实现完美。

学会简化

效率往往就是从简化开始的。把事情化繁为简的一个关键是抓住事物的主要矛盾。永远要记住杂乱无章是一种必须祛除的坏习惯。

罗马的哲学家西加尼曾经说过"没有人能背着行李游到岸上"。

在坐火车和坐飞机时，超重的行李会让你多花很多钱。在生活的旅途上，过多的行李让你付出的代价甚至还不仅仅是金钱。你可能不会像没有负担那样迅速地实现你的目标；更糟的是，你可能永远都不会实现你的目标。这不仅会剥夺你的满足感和快乐，而且最终它还会让你发疯。

纵观人类发展史，效率往往就是从简化开始的。赵武帝提倡"胡服骑射"，旧骑兵结束了"战车时代"，靠简化在军事上作出了卓越贡献。秦始皇统一文字、统一货币、统一度量衡，靠简化推进了社会的进步。在当今科学技术、社会发展日新月异的时代，用简化的方法提高效率，加速自我致富的步伐，仍然具有重要意义。

把事情化繁为简的一个关键是抓住事物的主要矛盾。我们必须善于在纷纭复杂的事物中，抓住主要环节不放，"快刀斩乱麻"，使复杂的状况变得有脉络可寻，从而使问题易于解决。

同时，它还意味着要善于排除工作中的主要障碍。主要障碍就像瓶颈堵塞一样，必须打通，否则工作就会"卡壳"，耗费许多不必要的时间和精力。

永远要记住杂乱无章是一种必须祛除的坏习惯。有些人将"杂乱"作为一种行事方式，他们以为这是一种随意的个人风格。他们的办公桌上经常放着一大堆乱七八糟的文件。他们好像以为东西多了，那些最重要的事情总会自动"浮现"出来。对某些人来说，他们的这个习惯已根深蒂固，如果我们非要这类人把办公桌整理得井然有序，他们很可能会觉得像穿上了一件"紧身衣"那样难受。不过，通常这些人能在东西放得这么杂乱的办公桌上把事情做好，很大程度上是得益于一个有条理的秘书或助手，秘书或助手弥补了他们这个杂乱无章的缺点。

但是，在多数情况下，杂乱无章只会给工作带来混乱和低效率。它会阻碍你把精神集中在某一单项工作上，因为当你正在做某项工作的时候，你的视线不由自主地会被其他事物吸引过去。另外，办公桌上东西杂乱也会在你的潜意识里制造出一种紧张和挫折感，你会觉得一切都缺乏组织，会感到被压得透不过气来。

如果你发觉你的办公桌上经常一片杂乱，你就要花时间整理一下。把所有文件堆成一堆，逐一检视（充分利用你的字纸篓），然后将它们分类：即刻办理、次优先、待办和阅读材料。

把最优先的事项从原来的乱堆中找出来，并放在办公桌的中央，然后把其他文件放到你视线以外的地方——旁边的桌子上或抽屉里。把最优先的待办件留在桌子上的目的是提醒你不要忽视它们。但是你要记住，你一次只能想一件事情、做一件工作。因此，你要选出最重要的事情，并把所有精神集中在这件事上，直到它做好为止。

每天下班离开办公室之前，把办公桌完全清理好，或至少整理一下。而且每天按一定的标准进行整理，这样会使第二天有一个好的开始。

不要把一些小东西——全家福照片、纪念品、钟表、温度计，以及其他东西过多地放在办公桌上。它们既占据你的空间也分散你的注意力。

每个坐在办公桌前的人都需要有某种办法来及时提醒自己一天中要办的事项。电视演员在拍戏时，常常借助各种记忆法，使自己记得如何述说台词和进行表演。你也可以试试。这时日历也许很有帮助，但是最好的办法可能是实行一种待办事项档案卡片（袋）制度，一个月每一天都有一个卡片（袋），再用些袋子记载以后月份待办事项（卡片）。要处理大量文件的办公室当然需要设计出一种更严格的制度。

此外，最好对时间进行统筹，比如到办公室后，有一系列事务和工作需要做，可以给这些事务和工作安排好时间：收拾整理办公桌 3 分钟；听取秘书对一天工作的安排 5 分钟；对秘书指示关于某一报告的起草 15 分钟，等等。

清楚地洞察一件事情的要点在哪里，哪些是不必要的繁文缛节，然后用快刀斩乱麻的方式把它们简单化。这样可以节省很多时间和精力，从而能大大提高你的效率。

善于授权

任何人都不是超人，想一个人把所有事情全部做完，最终只会把自己累死，却无法达到更高的境界。

把事情合理地分配给团队其他的成员，一起做，既能把事情更快、更高效的完成，又能让团队成员都得到应有的锻炼。

合理的授权能为你省下更多的时间，而所得成果跟你自己去做一样。但是，如果想利用好授权制，你需要一个基本方法。没有计划的授权经常是浪费时间的，在你安排别人代你做事时，你最好明确下面这些重要细节：

（1）你要这个人做什么？你怎样才能知道他已经做完了呢？他对他的计划是否要做些修正、增加？还是应该减少呢？你为什么要规定某些限制呢？

（2）你能给他多少资助（物质、费用、经验和权力）呢？派谁跟他在一起工作？他们是何种关系？能否助他达成你所期盼的目标呢？如果不能的话，他需要什么？要怎样取得呢？

（3）在他执行计划时，你给他多大自由度，以便让他运用自己的构想、计划和方法？如果你想有个好的成果，尽可能不去限制他，让他放手去做。

除此之外，你还需要确定：

（1）这项计划的截止日期是什么时候？

（2）在这项计划里，你想扮演什么样的角色？为什么？

（3）你打算采取什么方式去知道他的进度？你的答案是什么呢？

你需要事先安排好一些反馈方法，这是为了让你在委任他人时期或授权结束之后对工作成效有所保障。从某些角度来看，随时向你报告工作进展情况是委任过程中相当重要的部分。

除了要求委托对象限期报告交办事项结果外，好的授权者还得向受托者提供资助。可是你得搞清楚"资助者"和"佣人"这两者的区别。"佣人"要是离开了主人就无法工作，那你连离开他们一会儿都不行。当你扮演"资助者"的角色时，你只需听听代理人的苦恼，并提出解决方法。你可以发问、回答和适当地鼓励，以表达你对他的支持。你无须在外奔波或为琐事烦心。

实际上，如果授权实行得好，应该能让代理人主动采取他自己拟定的下一个步骤。要是能这样，那你就做对了。如果你授权他人去做某一项工作，却无法让代理人知道下一个步骤是什么的话，这种授权不可能得到你预想的结果。

我们经常听到有人这么说："我就是找不到可以委托的人。"一些公司管理者不能有效运用授权制的最常见借口是：单位里缺少训练优良、合格的人才。你还可以找到一些同样的借口。可是缺乏合格的人才并不永远都是首要问题。

要找一个优秀、合格的人来帮助你，其秘诀就是使你周围的人更具经验和知识并提高劳动技能。为了达到这个目的，你得在自己监督下，交给他们更多的艰难工作，让他们练习，而授权就是进行这种训练的最好方法。

学会休息

休息就是睡大觉吗？

是，也不是。充足的、高质量的睡眠是必需的，但这只是基础。更合理的休息方式是"换脑"，除了睡觉之外，要做一些让自己身心放松的事，比如听音乐、运动、陪家人聊天等。

而有些人选择彻夜打游戏、彻夜打麻将、喝酒喝到大醉不醒等方式，不仅达不到休息的效果，反而会让自己更疲惫。

工作与休息是不可分割的，若处理不好，真不知对健康有多大的影响，给人多大的压力。不要等身体出毛病了，才真正认识到"欲速则不达"的道理。我们会发现生命中最宝贵是其实是健康,为了多挣一些钱,就损害健康太不值了。况且治病不也要花钱么?还反而耽误了工作。

一个不太会休息的人总是会影响到公司的工作绩效。到头来工作没做好,休息时间也没有,真是太得不偿失了。

工作和休息的冲突,往往是降低工作效率的主要原因,因为现有的工作程序或形式,阻碍了私人休息时间,使个人在工作时集中精力的程度不够,而未能达到预期的工作效果。在大多数情况下,一个人觉得疲惫时,稍微放松休息一小会儿,往往会令人产生意想不到的奇效。

一般来说,坐办公室的人之所以会感到疲劳,主要是因为长时间维持同一个姿势,使血液流通不畅和肌肉疲劳。此时的疲惫其实是身体的生理反应,告诉你身体的某一部位负荷超重,需要休息。如果对此种反应麻木不仁,便可能生病。其实很多病在侵袭你的身体之前,你的身体就会给你警告,只是你没有注意罢了。所以,当身体出现疲倦的警告时,稍事休息才是最佳的选择。

休息的时间不一定要睡觉,有时在办公室里散一会儿步,伸伸懒腰,到洗手间转一圈,喝点水,洗个脸,也是不错的选择,都可以令精神得到相当程度的松弛,使工作的效率大增。有时只要休息三五分钟就起到很大作用。

如果休息时间太长,开始工作时,可能还得花一些时间才能重新找到刚才工作的感觉。工作中过长的休息会降低工作效率,觉得疲倦或者某一项工作完成之后,稍停一会儿,则会提高工作效率。

一个人取得成功的相关因素很多,光是把事情做好是绝对不够的。不会休息的人,也必然不会工作;会工作,就一定要会休息。

Chapter 08

聪明人是如何博弈的

博弈时，双方都希望获胜，都在进行数学推算和心理揣摩。有时，推测正确，赢得胜利；有时，推测错误，导致失败。所以，博弈不是单方面的想法和行动，而是对立双方之间的互动，是双方各自作出科学、巧妙对策的数学推演。像聪明人一样思考，像聪明人一样博弈，你就能在人生的舞台上获得成功！

人际博弈：无处不在的游戏

博弈即是一种策略的相互依存状况，一个选择者的选择将会得到什么结果，取决于另一个或另一群有目的的选择者的选择。因此，在博弈中，强者未必胜券在握，弱者也未必永无出头之日。

有这样一个脑筋急转弯的问题：

在什么情况下零大于二，二大于五，五又大于零？

答案是在玩"剪刀-石头-布"游戏的时候。

博弈，就是用这种游戏思维来突破看似无法改变的局面，解决现实中的严肃问题的策略。博弈思维，充满着浓郁的艺术气息，它总是可以用一种出人意料的方式达到曲径通幽处的目的。

美国第 34 任总统艾森豪威尔年轻的时候，有一次吃过晚饭后跟家人一起玩纸牌，一连 6 盘，他拿到的都是最坏的牌。于是他变得不高兴起来，嘴里开始不停地埋怨。他的母亲停了下来，对他说道："如果你要继续玩下去，就不要埋怨手中的牌怎么样。不管怎样的牌发到手中，你都得拿着。你唯一能做的就是尽你所能，打好手里的每一张牌，求得最好的结果。"

很多年过去了，艾森豪威尔始终记着母亲的话。他按照母亲的话去对待生活，以积极的态度迎接每一次挑战，经过不懈努力，最终成为美国总统。

2002 年，获得奥斯卡大奖的影片《美丽心灵》，讲述的是博弈论中纳什均衡的创立者——约翰·纳什的人生历程。

在这部影片中，有这样一个情节：在普林斯顿大学里，几个男生正在酒吧里商量着如何去追求一位漂亮女生。大家想了很多方法都觉得不是最理想的，而这时还在低头看书的纳什，开始运用他的"博弈论"思维，给男生们出主意："如果你们几个都去追求那个漂亮女生的话，那她一定会摆足架子，谁也不理睬。这个时候，你们再想追求其他的女生，难度也会加大，因为别人会认为你们把她们当成了'次品'。"

几个男生一听，觉得纳什说得很有道理，忙问他应该怎么办。纳什说道："你们应该首先去追求其他女生，那么那个漂亮女生就会感到被孤立了，这时再去追她就容易得多。"纳什的"博弈理论"说服了几个男生，他们开始去追求漂亮女生周围的女生，漂亮女生很快便形单影只。不过这好像是纳什故意安排的，因为他也看上了那个漂亮女生。结果，纳什在博弈中获胜，成功追求到了漂亮女生。

运用博弈的思维，为自己赢得幸福，不仅仅是数学家和经济学家才能做到的，我们也可以做到。在困境中，我们应该尽力作出明智的抉择，实现资源的最佳配置。

囚徒困境：出卖，还是合作

1950年，数学家塔克任斯坦福大学客座教授，在给一些心理学家作讲演时，他用两个囚犯的故事，将当时专家们正研究的一类博弈论问题，作了形象化的解释。从此以后，类似的博弈问题便有了一个专门名称——"囚徒困境"。借着这个故事和名称，"囚徒困境"广为人知，在哲学、伦理学、社会学、政治学、经济学乃至生物学等学科中，获得了极为广泛的应用。

"囚徒困境"的大意是：甲、乙两个人一起携枪准备作案，被警察发现并抓了起来。警方怀疑，这两个人可能还犯有其他重罪，但没有证据。于是分别进行审讯，为了分化瓦解对方，警方告诉他们，如果主动坦白，可以减轻处罚；顽抗到底，一旦同伙招供，你就要受到严惩。当然，如果两人都坦白，那么所谓"主动交代"也就不那么值钱了，在这种情况下，两人还是要受到严惩，只不过比一人顽抗到底要轻一些。在这种情形下，两个囚犯都可以作出自己的选择：或者供出他的同伙，即与警察合作，从而背叛他的同伙；或者保持沉默，也就是与他的同伙合作，而不是与警察合作。这样就会出现以下几种情况（为了更清楚地说明问题，我们给每种情况设定具体刑期）：

（1）如果两人都不坦白，警察会以非法携带枪支罪将两人各判刑1年；

（2）如果其中一人招供而另一人不招，坦白者作为证人将不会被起诉，另一人将会被重判15年；

（3）如果两人都招供，则两人都会因罪名各判10年。

这两个囚犯该怎么办呢？是选择互相合作还是互相背叛？从表面上看，他们应该互相合作，保持沉默，因为这样他们俩都能得到最好的结果——只判刑1年。但他们不得不仔细考虑对方可能采取什么选择。问题就这样开始了，甲、乙两个人都十分精明，而且都只关心减少自己的刑期，并不在乎对方被判多少年（人都是有私心的嘛）。

甲会这样推理：假如乙不招，我只要一招供，马上可以获得自由，而不招却要坐牢1年，显然招比不招好；假如乙招了，我若不招，则要坐牢15年，招了只坐10年，显然还是以招为好。无论乙招与不招，我的最佳选择都是招认。还是招了吧。

自然，乙也同样精明，也会如此推理。

于是两人都选择招供，这对他们个人来说都是最佳的，即最符合他们个体理性的选择。照博弈论的说法，这是本问题的唯一平衡点。只有在这一点上，任何一人单方面改变选择，他只会得到较差的结果。而在别的点，比如两人都拒认的场合，都有一人可以通过单方面改变选择，来减少自己的刑期。

也就是说，对方背叛，你也背叛将会更好些。这意味着，无论对方如何行动，如果你认为对方将合作，你背叛能得到更多；如果你认为对方将背叛，你背叛也能得到更多。你选择背叛总是好的。这是一个有些让人寒心的结论。

为什么聪明的囚犯，却无法得到最好的结果？两个人都招供，对两个人而言并不是集体最优的选择。无论对哪个人来说，两个人都不招供，要比两个人都招供好得多。

"囚徒困境"这个问题为我们探讨合作是怎样形成的，提供了极为形象的解说方式，产生不良结局的原因是因为囚犯两人都基于自私的角度开始考虑，这最终导致合作没有产生。陷入囚徒困境的两个人，忠于协议和相互背叛哪个是优势策略？面对困境，如何共同努力实现双赢？如何巧妙地利用困境，解决棘手的难题？如何制造困境，降低商业成本？在面对困境时，你应该注意哪些问题呢？

其实，"囚徒困境"给我们提出了两个问题：第一是人的自私问题，第二是对别人的信心问题。在生活中，"囚徒困境"可能会随时发生在我们身上，所以，一个很现实的问题，就是如何走出"囚徒困境"。由于博弈的双方都是想取得一个令自己满意的结果，所以首先应该保证自己对对方充满信任是非常重要的。摒除猜疑的想法，建立起一种相互信任的气氛，可以极大地帮助人们走出困境。

1944年的圣诞夜，2个迷了路的美国大兵拖着1个受了伤的兄弟在风雪中敲响了德国西南边境亚尔丁森林中的一栋小木屋的门，它的主人，一个善良的德国女人，轻轻地拉开了门上的插销。

家的温暖在一瞬间拥抱了3个又冷又饿的美国大兵。女主人开始有条不紊地准备着圣诞晚餐，没有丝毫的慌乱与不安，没有丝毫的警惕与敌意。因为她相信自己的直觉：他们只是战场上的敌人，而不是生活中的坏人。美国大兵们静静地坐在炉边烤火，除了燃烧的木柴偶尔发出一两声脆响外，静的几乎可以听见雪花落地的声音。

正在这时候，门又一次被敲响了。站在满心欢喜的女主人面前的，不是来送礼物和祝福的圣诞老人，而是4个同样疲惫不堪的德国士兵。女主人同样用西方人特有的方式告诉她的同胞，这里有几个特殊的客人。今夜，在这栋弥漫着圣诞气息的小木屋里，要么发生一场屠杀，要么一起享用一顿可口的晚餐。在女主人的授意下，德国士兵们垂下枪口，鱼贯进入小木屋，并且顺从地把枪放在墙角。

于是，1944年的圣诞烛火见证了或许是"二战"史上最为奇特的一幕：1名德国士兵慢慢蹲下身去，开始为1名年轻的美国士兵检查腿上的伤口，尔后扭过头去向自己的上司急速地诉说着什么。人性中善良温情的一面决定了他们的感觉是奇妙而美好的，没有人担心对方会把自己变成邀功请赏的俘虏。第二天，睡梦中醒来的士兵们在同一张地图上指点着，寻找着回到己方阵地的最佳路线，然后握手告别，沿着相反的方向，消失在白茫茫的林海雪原中。

在上面这个故事中，美国士兵和德国士兵可以说是战场上的死敌，但是由于受到客观条件的影响，共同陷入了困境。庆幸的是，他们和女主人一起建立了一种和谐的相处关系，并最终一同走出了困境，令人称奇。

试想一下，如果在这个困境中，双方有一方产生了不和谐的想法，势必会引发杀戮，结果必然是两败俱伤。所以，保持这种和谐信任的关系，是双方的明智之举，而这种关系必须依赖相互信任的态度。

囚徒困境的核心问题在于：一方由于担心对方会出卖自己、不跟自己合作，所以便会为了维护自己的利益而先采取有利于自己的措施。产生这种现象的根源在于，两方当事人事先不能通气，互相不知道对方会作出什么样的选择，完全在猜测中进行决策，自然也就缺乏对对方的准确判断。那么在生活中，如果能够避开这种信息的沟通不畅，就可以很好地合作，得到意想不到的效果。

加利福尼亚州有两个互为敌手的商店——美西日用品商店和莱特廉价品商店。他们正好紧挨着，两家店的老板是死敌，他们一直进行着没完没了的价格战。

"出售爱尔兰亚麻床单，甚至连有鹰一般眼睛的贝蒂·瑞珀女士都不能找出任何疵点，不信请问她；而这种床单的价格又低得可笑，只需 6 美元 50 美分"。

当一个店的橱窗里出现这样的手写告示时每位顾客都会习惯地等另一家廉价品商店的回音。

果然，大约过了 2 小时，另一家商店的橱窗里出现了这样的告示："瑞珀女士该配副近视眼镜了，我的床单质量一流，只需 5 美元 95 美分"。

价格大战的一天就这样开始了。除了贴告示以外，两店的老板还经常站在店外尖声对骂，经常发展到拳脚相加，最后总有一方的老板在这场价格战中停止争斗，骂那个人是疯子，价格不再下降。这就意味着那方胜利了。

这时，围观的、路过的，还有附近很多人都会拥入获胜的廉价品商店，将床单和其他物品抢购一空。在这个地区，这两个店的争吵是最激烈的，也是持续时间最长的，因此，也很有名声，住在附近的每个人都从他们的争斗中获益不少，买到了各式各样的"精美"商品。

突然有一天，一个店的老板死了，几天以后，另一个店的老板声称去外地办货，这两家商店都停业了。过了几个星期，两个商店分别来了新老板。他们各自对两个商店前任老板的财产进行了详细的调查。一天，在检查时，他们发现两店之间有条秘密通道，并且在两家商店的楼上，两位老板住过的套房里发现了一扇连接两套房子的门。新老板很奇怪，后来一了解才知道，这两个死对头竟是兄弟俩。

原来，所有的诅咒、谩骂、威胁以及一切相互间的人身攻击全是在演戏，每场价格战都是装出来的，不管谁战胜谁，最后还是把另一位的一切库存商品与自己的一起卖给顾客。真是绝妙的骗局。

在现实生活中，只要摒除了"囚徒困境"不通信息的弊端，就可以在知情的情况下作出有利于双方的选择，这也就是所谓的"串谋"。

智猪博弈：搭个便车最省力

"搭便车"是经济学中很普通的名词，它的意思就是不付成本而坐享他人之利。不费力气就能有所收获，这样的便宜事谁不想要呢？博弈论中有个著名的模型叫"智猪博弈"，能够帮助我们理解搭便车行为，这个模型的主角便是我们熟悉的猪。

假设猪圈里有一头大猪、一头小猪。猪圈的一头有猪食槽，另一头安装着控制猪食供应的按钮，按一下按钮会有一定单位的猪食进槽，两头隔得很远。假设两头猪都是理性的猪，也就是说他们都是有着理性认识和力图实现自身利益的猪。再假设猪每次按动按钮都会有10个单位的饲料进入猪槽，但是并不是白白得到饲料的，猪在按按钮以及跑到食槽要付出的劳动会消耗相当于2个单位饲料的能量。此外，当一头猪按了按钮之后再跑回食槽的时候，它吃到的东西比另一头猪要少。也就是说，按按钮的猪不但要消耗2个单位饲料的能量，还比等待的那个猪吃得少。

再来看具体的情况，如果大猪去按按钮，小猪等待，大猪能吃到6份饲料，小猪4份，那么大猪消耗掉2份，最后大猪和小猪的收益为4∶4；如果小猪去按按钮，大猪等待，大猪能吃到9份饲料，小猪1份，加上小猪消耗掉的2份，最后大猪和小猪的收益为9∶-1；若两头猪同时跑向按钮，那么大猪可以吃到7份饲料，而小猪可以吃到3份饲料，最后大猪和小猪收益为5∶1；最后一种情况就是两头猪都不动，那他们当然都吃不到东西，两头猪的收益就为0。

如果大猪和小猪都是猪中的"智者"，那么博弈的结果就是：大猪按按钮，小猪等待，这时，大猪和小猪的净收益都是4个单位的饲料。

而且我们还可以看到的一个奇怪现象就是，如果小猪主动劳动，那么小猪的收益居然是-1，对于小猪来说，这比躺在那儿还要吃亏，当然小猪是不会干的。也就是说，如果是小猪按动按钮，则大猪会在小猪到达食槽前把食物全部吃光，如果是大猪按动按钮，则大猪到达食槽时只能和小猪抢食剩下的一些残羹冷炙。既然小猪劳动不得食，则小猪不会主动按钮，而大猪为了生存，尽管只能吃到一部分，还是会选择劳动（按钮）。那么，在两头猪都有智慧的前提下，最终结果是小猪选择等待，只要搭顺风车就可以了。

对大猪来说，既然小猪有了这个选择，那么大猪就只有两种结果了，要么也不动，那么两头猪就等死了，要么是自己去按按钮这样还有4份饲料可以吃。所以，对大猪来说，等待是一种劣势的策略。我们已经说过了，假设了大猪和小猪都是理性的智猪，那么当大猪知道小猪不会主动去按按钮的时候，它亲自去动手总比不动要强，因此他会为了自己的利益而主动地奔走于踏板和食槽之间。

结论就是，不管大猪采取什么样的策略，对小猪来说，劳动都是一个劣势策略，因此最开始就可以除掉这种可能。在剔除了小猪的按按钮这种方案以后，大猪就只有两种方按可供选择。在这两种策略里面，等待是一种绝对的劣势策略，也被剔除掉。所以在剩下的策略里面就只剩下小猪等待、大猪按按钮这个可以供选择的策略了，这就是智猪博弈的最后均衡。

智猪博弈给我们的启示就是：生活中有些事情其实用不着自己费力，不妨找机会搭个便车，又省力又有实惠，这样的美事谁不希望呢？《三国演义》中有名的"草船借箭"，其实讲得就是如何搭便车、吃免费午餐的诀窍。

诸葛亮是一只贪心的"小猪"，让大猪即曹军白费力气却毫无收获，一半的箭沉入了江水，一半的箭白白送给了东吴，而东吴丝毫没有费力气便得了一个大便宜，无异于天上掉下大馅饼，还有比这更好的顺风车吗！诸葛亮做"小猪"还真是有智谋、有胃口。

生活中还有很多这样的例子，比如我们所熟知的名人效应，其实就是搭便车的"小猪"在借"大猪"的力量为自己谋取收益。

还有许多企业，看到市场上的龙头企业推出了新的产品而风靡一时，便立刻模仿跟进，这也是一种搭便车的小猪策略，让大猪花费前期的研究开发、市场推广等费用，等市场前景明朗了，自己再跟进就有稳定的收益了。

斗鸡博弈：狭路相逢勇者胜

我们都知道狭路相逢勇者胜的古语，事实上，不管是不是勇者，只要身处这种针锋相对的情况，就应该好好研究一下斗鸡博弈的理论，这对不费力气地击败对手很有借鉴意义。

在斗鸡场上有两只好战的公鸡发生遭遇战，公鸡有两个行动选择：一是退下来，一是进攻。

如果一方退下来，而对方没有退下来，对方获得胜利，这只公鸡会很丢面子；如果对方也退下来，则双方打个平手；如果自己没退下来，而对方退下来，自己则胜利，对方则失败；如果两只公鸡都前进，那么则两败俱伤。因此，对每只公鸡来说，最好的结果是，对方退下来，而自己不退。

从量化的角度来看，不妨假设两只公鸡如果均选择"前进"，结果是两败俱伤，两者的收益是 -2 个单位，也就是损失为 2 个单位；如果一方"前进"，另外一方"后退"，前进的公鸡获得 1 个单位的收益，赢得了面子，而后退的公鸡获得 -1 的收益或损失 1 个单位，输掉了面子，但没有两者均"前进"受到的损失大；两者均"后退"，两者均输掉了面子获得 -1 的收益或 1 个单位的损失。当然这些数字只是相对的值。

如果博弈有唯一的均衡点，那么这个博弈是可预测的，即这个均衡点就是事先知道的唯一的博弈结果。但是如果一场博弈有两个或两个以上的均衡点，则无法预测出一个结果来。斗鸡博弈则有两个均衡：一方进另一方退。因此，我们无法预测斗鸡博弈的结果，即不能知道谁进谁退，谁输谁赢。

由此看来，斗鸡博弈描述的是两个强者在对抗冲突的时候，如何能让自己占据优势，力争得到最大收益，确保损失最小。斗鸡博弈中的参与者处于势均力敌、剑拔弩张的紧张局势。这就像武侠小说中描写的一样，两个武林顶尖高手在华山之上比拼内力，斗得难分难解，一旦一方稍有分心，内力衰竭，就要被对方一举击溃。

斗鸡博弈最直接的意义在于揭示了这样一个道理：既然对每只公鸡来说，最好的结果是对方退下来而自己不退，那么如何才能够达到这种"不战而屈人之兵"的效果呢？不战不是不采取措施，而是说应该巧妙营造声势，让对手处于不利的地位，那么自然你就是胜者。在生活和工作中，难免会出现你争我夺的情况，这个时候就体现出斗鸡博弈的影响了。谁能够在你进我退之中占领上风，谁就会取得最终的胜利，成为那只赢的斗鸡。

1980 年，美国总统竞选的决战是在共和党候选人里根与民主党候选人卡特之间进行的，由于两人当时的实力旗鼓相当，因此他们两人展开了美国竞选史上最激烈的争夺战。

当时的卡特是已经当政 4 年的在职总统,但政绩并不突出,而且在内政方面不能令人满意,国内通货膨胀加剧,失业人数猛增。人们对这些有关国计民生的问题十分不满,怨声载道。而这些正好成了里根手中的王牌,他集中火力攻击卡特经济政策失误,并耸人听闻地宣称他要消除"卡特大萧条"。而这时的卡特也抓住广大民众关心的战争与和平问题,指责里根增加防务开支的主张是好战之举。里根与卡特就是这样唇枪舌剑,拳来脚往,双方一时难决雌雄。

在 20 世纪 80 年代的美国,广播、电视、报纸等大众传播媒介对人们的影响极为广泛。一个人的形象,在美国民众的心中往往占有重要位置,有时甚至直接决定了选民投谁一票。所以,总统选举与其说是选民在选择候选人的政策纲领,不如说是在品味候选人的性格、智慧、精力和风度。在这方面,里根可以说是占据了得天独厚的优势。

在里根当选共和党总统候选人之后,他当年在好莱坞演过的电影,一下子成了热门,全美各地影剧院、电视台争相放映。这股里根影视热风,无疑替里根做了一次绝好的宣传。人们从影视中看到,当年的里根英俊潇洒、精明强干,而现在仍然生机勃勃、干劲十足,风度不减当年。这给人们留下了一个很好的印象。

在里根影视风兴起的同时,里根还借电视媒体极力展示自己的风采。在与卡特的电视辩论中,里根表现得能言善辩、妙语连珠,而卡特则相形见绌、呆板迟钝、结结巴巴。因此在投票之前关键性的一场电视辩论后,民意测验的结果,支持里根的人上升到 67%,支持卡特的人下降为 30%。1980 年 11 月 4 日的大选结果,里根以绝对优势大获全胜。

里根的胜利，要归功于在他巧妙地利用了大众传播媒介，通过电影、电视、广播等手段，让自己的形象深入民心。在这场斗鸡博弈中，里根成功地把握了进攻的主动，成为胜利的一方。而卡特则显得捉襟见肘，被里根牵着鼻子走，最终走向失败。

设想一下斗鸡场上有两只公鸡，其中一只雄赳赳、气昂昂，摆出一副久经沙场、无所畏惧的样子，而另一只公鸡在气焰上短了一筹，自然就被对手的声势给震慑住了，自然节节败退，这就是斗鸡博弈告诉我们的道理：不必针锋相对，大可做一些虚张声势的表面工夫，让对手自己软下去，这才是斗争的最高境界。

有时候，你的对手也不是那么好惹的，万一他是一个"不蒸馒头争口气"的呆子，那么你怎么营造声势都没有用，他不吃这一套，还是会琢磨着如何拼个鱼死网破。这时候你不妨主动进攻，给他一点颜色看看，让他知道你的厉害不是纸面上的，也不是口头上的，他自然就乖乖地后退了。

一个面带菜色、衣着简朴的小伙子乘坐长途汽车，因为带的杂物太多，被司机训斥后蜷缩在车尾角落里。

车行半路，忽然冒出来一个歹徒持械抢劫，原来他混在旅客堆里，避过了司机的注意。不一会儿，司机已经被凶狠的歹徒用刀顶住了脖子，眼见一场面对全体乘客的抢劫就要发生。那个小伙子突然站了起来，大叫一声："给我住手！"然后写了一张纸条递了过去。几个歹徒读罢字条，互相对视片刻，竟然迅速下车逃跑了。

一场风波化险为夷，大家诧异地问小伙子："你是警察？"

"不是。"

"你是军人？"

"也不是。"

"那你怎么这么厉害？"

"老实说，我今天正好带着借来的大笔钱，被他们抢走的话我也只有死路一条，所以只得铤而走险了。我在纸条上写的是：快滚蛋！我是一个持枪在逃犯，惹火了我就杀了你们。"

"横的还是怕不要命的""威慑战略"在某些时候还真管用。你给别人的威慑不一定代表你真会那么去做，只是给别人一种震慑力或假象。在生活中，采用一些假的威慑，或许可以解决一些难题。恰如在斗鸡博弈中，有一只公鸡气势汹汹地向前迈一步，意味着"小样，你胆子还真不小，等我给你点眼色看看！"这样对手就可能被吓得屁滚尿流啦！

从科学的角度上来说，斗鸡博弈对人的作用，与达尔文生物进化论的观点相一致：在自然界中，到处都存在着一种竞争的法则，在这种竞争法则的作用下，这个世界才显得生机勃勃。如果一个物种失去了竞争，这一物种就会失去活力，死气沉沉而陷入灭种的边缘。如果一只斗鸡永远都不战斗，那么它只会变成一只普通的公鸡，整日在沙地上溜达觅食。所以，如果要成为一只战无不胜的常胜将军，你必须学会让你的对手成为你前进的动力，让你变得越来越强壮。

猎鹿博弈：从合作走向共赢

社会学告诉我们，在人类文明之初的原始社会，人们谋生的方式主要是狩猎。博弈论中有一个著名的"猎鹿模型"讲述了两个猎人共同猎鹿的故事。

某一天两个猎人狩猎的时候，看到一头梅花鹿。于是两人商量，只有这两个人齐心协力，都去猎鹿时，才会得到那只鹿。如果猎鹿的时候一只兔子突然在其中一人身边经过，而这个人转而抓兔子，这人会得到兔子，但鹿就跑掉了。两人得到一只鹿的效用远比分别得到一只兔子大。

因此，我们可以看到一共有四种方案供选择，每一行都代表一种博弈的结果。具体如下：

X, X

X, 0

0, X

1, 1

第一行表示，猎人 A 和 B 都抓兔子，结果是猎人 A 和猎人 B 都能吃饱 4 天。

第二行，猎人 A 抓兔子，猎人 B 打梅花鹿，结果是猎人 A 可以吃饱 4 天，猎人 B 则一无所获。

第三行，猎人 A 打梅花鹿，猎人 B 抓兔子，结果是猎人 A 一无所获，猎人 B 可以吃饱 4 天。

第四行，猎人 A 和猎人 B 合作抓捕梅花鹿，结果是两人平分猎物，都可以吃饱 10 天。

（1）如果双方都选择了猎鹿，效用为 1，（猎鹿，猎鹿）具有帕累托最优（Pareto optimality），是深入合作的最佳结果。

（2）如果双方都选择了猎兔，即双方没有合作，（猎兔，猎兔）称为风险上策（risk dominant）均衡。

（3）如果一人选择了猎鹿，而对方选择了猎兔，即对方没有诚信，背叛了原来的协议，则选择猎鹿者将一无所获，选择猎兔者将保证得到一定效用 X（0<X<1）。

我们可以看到，在这个博弈中，根据纳什的均衡原理，应用博弈论中的"严格劣势删除法"，可以得到两个比较好的结果，那就是：要么分别打兔子，每人吃饱 4 天；要么合作，每人吃饱 10 天。

当然人心是不一定的，最终会采取哪一种策略就不是纳什均衡所能决定的，比较 [1，1] 和 [X，X] 两个纳什均衡，明显的事实是：两人一起去猎梅花鹿比各自去抓兔子可以让每个人多吃 6 天。按照经济学的说法，合作猎鹿的纳什均衡比分头抓打兔子的纳什均衡，具有帕累托优势。与 [X，X] 相比，[1，1] 不仅有整体福利改进，而且每个人都得到福利改进。

可以看得出来，两个猎人自己单独行动的话是最不利的，得到的结果只能让大家吃 2 天，那么我们从这里就得到这样一个原理：我们不要单独战斗，要学会与他人合作，一个人的力量不足以让团队都好。

在现代的社会里,一个人做事情能影响的范围十分有限,一个人能调动的资源也屈指可数。想要作出一番事业,必须学会与别人合作。

对于普通人,学会与别人合作,可以相互取长补短,相互协助共同达到目标,实现大家价值的最大化。

对于领导人,与下属不仅是领导关系,更是合作关系,在下属的配合下完成重大任务,协助下属、指导下属完成其力所不及的事情,合做出金,何愁企业不欣欣向荣?

对于企业,与别的企业合作经营,形成资源共享的机制,才能在激烈的竞争中立于不败之地。

对于国家,形成战略合作伙伴关系,才能时刻洞悉世界的变化,实现民族的崛起和国家的富强。

……

合作的重要性不胜枚举,然而可惜的是还是有很多人认识不到这一点,仍然将"自立自强"的品质形而上学起来,固执地认为凡事必须自己来,结果往往在孤军奋战中功亏一篑。

1904年夏天,美国即将举行世界博览会,有一个制作糕点的小商贩把自己的糕点工具搬到了会展地点路易斯安那州。庆幸的是,他被政府允许在会场的外面出售他的薄饼。

他的薄饼生意实在糟糕,而和他相邻的一位卖冰淇淋的商贩的生意却好得不得了,一会儿工夫就售出了许多冰淇淋,很快他把带来的用来装冰淇淋的小碟子用完了。

心胸宽广的糕饼商贩见状,就把自己的薄饼卷成锥形,让薄饼来盛放冰淇淋。卖冰淇淋的商贩见这个方法可行,便要了大量的薄饼,大量的锥形冰淇淋便进入客商们的手中。令他们意料不到的是，这种锥形的冰淇淋被客商们看好，而且被评为"世界博览会的真正明星"。

从此，这种锥形冰淇淋开始大行其道，这就是现在的蛋卷冰淇淋的由来。它的发明被人们称为"神来之笔"，有人这样假设，如果两个商铺不靠在一起，那么今天我们能不能吃上蛋卷冰淇淋还很难说。

两个小商贩简单的合作竟然为世界创造了如此经典的美味，我们是不是也应当反思一下：自己是否也曾错过了很多只要合作就可以创造奇迹的机会呢？

每个人的能力和时间都是有限的，凡事自己来、完全不靠别人帮助的人是走不了多远的。一根筷子容易被折断，一棵独木也构不成森林。兄弟齐心，齐力断金。只有学会与他人合作，才能将自己的力量放大千百倍，就像杠杆一样，撬动磐石。

今天的时代要求我们应广泛地合作，我们也只能适应时代的要求，没有人能够独自成功；唱独角戏，当独行侠，的确是不能成大事的。俗话说得好："双拳难敌四手""三个臭皮匠，顶个诸葛亮"。只有运用合力，善于合作，才有强大的力量，才能把蛋糕做大，把事业做大、做强。这就迫切要求我们每个人都应具有合作能力。所谓合作能力，是指在工作、事业中所需要的协调、协作能力。其突出的特点是指向工作和事业，这正是许多企业和组织极端重视员工的合作能力的原因所在。

协和谬误：放弃沉没的成本

假设你是一家科学仪器公司的总裁，正在进行一个新的仪器开发项目。据你所知，另外一家科学仪器公司已经开发出了类似的仪器。通过那家公司的仪器在市场上的销售情况可以预计，如果继续进行这个项目，公司有将近90%的可能损失500万元，有将近10%的可能性盈利2 500万元。到目前为止，项目刚刚启动，还没花费什么钱。从现阶段到产品真正研制成功能够投放市场还需耗资50万元。你会把这个项目坚持下去还是现在放弃？

10%的可能性会盈利2 500万元，90%的可能会损失500万元，而且该项目还没有任何投资。正常人会选择放弃。

让我们再来看下面这道题：你同样是这家科学仪器公司的总裁，对于这个新的仪器开发项目，你们已经投入了500万元，只要再投50万元，产品就可以研制成功、正式上市了。成败的概率与上述案例相同，你会把这个项目坚持下去还是放弃？

除了你已经投入500万元之外，第二个问题与前一个问题是完全一样的。既然已经懂得了沉没成本误区，我想你对以上两道题应该会做出一致的决定。

但是把这两道题分别给老板们做，那些企业老总们绝大多数对第二题的回答是"坚持继续投资"。他们认为已经投了500万元，再怎么样也要继续试试看，说不定运气好可以收回这个成本。殊不知，为了这已经沉没的500万元，他们将有90%的可能非但收不回原有投资，还会再赔上50万元啊。

在经济学上，我们把那些已经发生、不可回收的支出，如时间、金钱、精力等，称为"沉没成本"。这个意思就是说，你在正式完成交易之前投入的成本，一旦交易不成，就会白白损失掉。从理性的角度来说，沉没成本不应该影响我们的决策，然而挽回成本的心理作用往往会在博弈中让人作出非理性的决策，从而导致更大的损失。博弈论专家经常将这种困境中的博弈称之为协和谬误。

举个简单的例子就可以看出协和谬误的危害有多么大：假设你买进一只股票，股价下跌；于是你又在这个价位买进（股民称此为"摊平"），可是它又下跌……你再次购买的本意是减少损失，可是却越陷越深。

对协和谬误的博弈来说，在没有100%胜算的把握下，及早退出是明智的选择。如果你不及时收脚回来，那你就有可能血本无归！

20世纪60年代，英国和法国政府联合投资开发大型超音速客机，即协和飞机。开发一种新型商用飞机简直可以说是一场豪赌。单是设计一个新引擎的成本就可能高达数亿美元，想开发更新、更好的飞机，实际上等于把公司作为赌注押上去。难怪两国政府会被牵涉进去，竭力要为本国企业谋求更大的市场。

该种飞机机身大，设计豪华，并且速度快。但是，英法政府发现：继续投资开发这样的机型，花费会急剧增加，但这样的设计定位能否适应市场还不知道；而停止研制将使以前的投资付诸东流。随着研制工作的深入，他们更是无法做出停止研制工作的决定。协和飞机最终研制成功，但因飞机的缺陷（如耗油大、噪音大、污染严重，等等），成本太高，不适合市场竞争，最终被市场淘汰，英法政府为此蒙受了很大损失。在这个研制过程中，如果英法政府能及早放弃飞机的开发工作，会使损失减少，但他们没能做到。

后来，英国和法国航空公司宣布协和飞机退出民航市场，才算是从这个无底洞中脱身。这也是"壮士断腕"的无奈之举。

无独有偶，在中国的航空工业历史上，也发生过类似的例子。

中国航空工业第一集团公司在2000年8月决定今后民用飞机不再发展干线飞机，而转向发展支线飞机。这一决策立时引起广泛争议。

该公司与美国麦道公司于1992年签订合同合作生产MD90干线飞机。1997年，项目全面展开。1999年，双方合作制造的首架飞机成功试飞。2000年，第二架飞机再次成功试飞。

就在此时，MD90项目下马了。在各种支持或反对的声浪中，讨论的角度不外乎两大方面：一是基于中国航空工业的战略发展，二是基于项目的经济因素考虑。在这里不想就前一角度展开讨论，只有航空专家才在这方面最有发言权。单从经济角度看，干线项目上马、下马之争可以说为"沉没成本"提供了最好的案例。

许多人反对干线飞机项目下马的一个重要理由就是：该项目已经投入数十亿元巨资，上万人倾力奉献，耗时6载，在终尝胜果之际下马造成的损失实在太大了。这种痛苦的心情可以理解，但丝毫不构成该项目应该上马的理由，因为不管该项目已经投入了多少人力、物力和财力，对上下马的决策而言，其实都是无法挽回的沉没成本。

事实上，干线项目下马完全是"前景堪忧"使然。从销路看，原打算生产 150 架飞机，到 1992 年首次签约时定为 40 架，后又于 1994 年降至 20 架，并约定由中方认购。但民航只同意购买 5 架，其余 15 架没有着落。可想而知，在没有市场的情况下，继续进行该项目会有怎样的未来收益？

然而就是这个已经沉没了的成本，却还是让许多不明就里的人难以割舍。他们把它当作"鸡肋"，食之无味而又弃之可惜。实际上，这些人不明白：沉没成本永远是决策的非相关成本，与其相伴随的机会成本才是决策相关成本，需要在决策时予以考虑。

沉没成本和机会成本之所以会对决策产生这样微妙的作用，原因就在于机会成本不是现实的成本，是隐性的，而沉没成本却是实实在在的，让人有一种"割肉"的痛楚。成本沉没在水里着实令人感到可惜，然而伤心懊悔不是于事无补吗？还不如适时放弃，抓紧时间，创造更多的价值出来。

协和谬误给我们的直接警示就是，在投资时应该注意：如果发现是一项错误的投资，就应该立刻悬崖勒马，尽早回头，切不可因为顾及沉没成本，错上加错。事实上，这种为了追回沉没成本而继续追加投资导致最终损失更多的例子比比皆是。许多公司在明知项目前景暗淡的情况下，依然苦苦维持该项目，原因仅仅是因为他们在该项目上已经投入了大量的资金（沉没成本）。

摩托罗拉的铱星项目就是沉没成本谬误的一个典型例子。摩托罗拉为这个项目投入了大量的成本，后来发现这个项目并不像当初想象的那样乐观。可是，公司的决策者一直觉得已经在这个项目上投入了那么多，不能半途而废，所以仍苦苦支撑。但是后来事实证明这个项目是没有前途的，所以最后摩托罗拉只能忍痛接受了这个事实，彻底结束了铱星项目，并为此损失了大量的人力、财力和物力。

在现实中，陷入协和谬误困境的投资项目比比皆是，投资过半，行情却急转直下。到底是继续投资还是决然退出？总是令投资决策者左右为难。实际上，一个理性的经济人在作出决策的时候，总是要涉及"沉没成本"和"机会成本"。然而在现实中，往往由于决策者思维的错位，将这两种成本相混淆，反而做出了不利的选择。

走出协和谬误的怪圈其实并不难，只要你敢于放弃，有胆量、有勇气经历失败，不要为打翻的牛奶哭泣，对不可追求的东西要及时放手，做一个敢于放弃的聪明人。

在一次关于生活艺术的演讲中，教授拿起一个装着水的杯子，问在座的听众："猜猜看，这个杯子有多重？"

"50 克""100 克""125 克"……大家纷纷回答。

"我也不知有多重，但可以肯定人拿着它一点不会觉得累。"教授说，"现在，我的问题是：如果我这样拿着几分钟，结果会怎样？"

"不会有什么。"大家回答。

"那好。如果像这样拿着，持续 1 个小时。那又会怎样？"教授再次发问。

"胳膊会有点酸痛。"一名听众回答。

"说得对。如果我这样拿着一整天呢？"

"那胳膊肯定变得麻木，说不定肌肉会痉挛，到时免不了要到医院跑一趟。"另外一名听众大胆说道。

"很好。在我手拿杯子期间，不论时间长短，杯子的重量会发生变化吗?"

"没有。"

"那么拿杯子的胳膊为什么会酸痛呢?肌肉为什么可能痉挛呢?"教授顿了顿又问道:"我不想让胳膊发酸、肌肉痉挛,那该怎么做?"

"很简单呀。您应该把杯子放下。"一名听众回答。

"正是。"教授说道,"其实,生活中的问题有时就像我手里的杯子。我们埋在心里几分钟没有关系。如果长时间地想着它不放,它就可能侵蚀你的心力。日积月累,你的精神可能会濒于崩溃。那时你就什么事也干不了了。"

教授这番话的另一层含义是,如果你手中的成本正在逐渐增加,你越来越感到吃力的话,你应该及时放弃。否则,你的身心将被拖垮。选择放弃很难受,但是不放弃,则更加痛苦。

蛋糕博弈:讨价还价智慧大

有一家外企在员工面试时出了这样一道题:要求应聘者把一盒蛋糕切成8份,分给8个人,但蛋糕盒里还必须留有一份。

面对这样的怪题,有些应聘者绞尽脑汁也无法完成;而有些应聘者却感到此题很简单,把切成的8份蛋糕先拿出7份分给7个人,剩下的1份连蛋糕盒一起分给第8个人。应聘者的创造性思维能力从这道题中就显而易见了。

这个问题就是著名的蛋糕博弈，也就是分配问题。分蛋糕的故事在很多领域都有应用。无论在日常生活、商界还是在国际政坛，有关各方经常需要讨价还价或者评判对总收益如何分配，这个总收益其实就是一块大"蛋糕"。

这块大"蛋糕"如何分配呢？我们知道最可能实现一半对一半的公平分配的方案，是让一方把蛋糕切成两份，而让另一方先挑选。在这种制度设置之下，如果切得不公平，得益的必定是先挑选的一方。所以负责切蛋糕的一方就得把蛋糕切得公平，才能让博弈的双方都满意。

但是，这个方案极有可能是无法保证公平的，因为人们容易想象切蛋糕的一方可能技术不老到或不小心切得不一样大，从而不切蛋糕的一方得到比较大的一半的机会增加。按照这样的想象，谁都不愿意做切蛋糕的一方。虽然双方都希望对方切、自己先挑，但是真正僵持的时间不会太长，因为僵持时间的损失很快就会比坚持不切而挑可能得到的好处大。也就是说，僵持的结果会得不偿失，会出现收益缩水的现象。

对处于蛋糕博弈局面的人来说，无非就两种选择：第一是将现有的蛋糕分配得尽量公平，让大家满意；第二就是想办法将蛋糕"做大"，让每个人都能分到更多的蛋糕，大家就都满意了。

在分蛋糕的过程中，一定要注意讨价还价，千万不要让自己应得的利益白白被别人侵占。这就需要动用智慧，维护自己的权利和利益。台湾著名作家刘墉在《我不是教你诈》中讲了这样一个故事：

从乡下的老房，搬进台北的高楼，小李真是兴奋极了。楼高18层，小李住 17 楼，站在阳台上，正好远眺市中心的十里红尘。唯一美中不足的是小李那十几盆花。阳台朝北，不适合种。适合种的是东侧，却只有窗，没阳台。

"何不钉个花架呢？什么都解决了！"有朋友建议，并介绍了专门制作花架的张老板给小李。

只是自从订购了花架，虽然还没有钉上去，小李却一直做噩梦。梦见花架钉得不牢，花盆又重，突然垮了下去，直落 17 层楼，正好落到路人的头上，当场脑浆四溅……

小李满身冷汗的惊醒，走到窗前，把头伸出去往下看。深夜两点了，居然还人来人往，热闹非常。这时候花架掉下去，都得砸死人。要是大白天出了事，还不得死一堆？

想到这儿，小李打了个寒战。可是花架已经订购了，花盆又实在没处放，看样子，是非钉不可了。

钉花架的那天，小李特别请了假，在家监工。

张老板果然是老手，17 层的高楼，他一脚就伸出窗外，四平八稳的骑在窗口。再叫徒弟把花架伸出去，从嘴里吐出钢钉往墙上钉。

张老板活像变魔术似的，不知道嘴里事先含了多少钉子，只见他一伸手就是一支，也不晓得钉了多少。突然跳进窗内：

"成了，你可以放花盆了。"

"这么快！够结实吗？花盆很重的！"小李不放心地问。

"笑话！我们 3 个人站上去跳，都撑得住，保证 20 年不是问题，出了问题找我。"张老板豪爽地拍拍胸口。

"这可是你说的。"小李马上找了张纸，又递了纸笔给张老板，"麻烦你写下来，签个名。"

"什么？你要……"张老板好像不相信自己的耳朵。可是，看小李一脸严肃的样子，又不好不写，正犹豫，小李说话了：

"如果你不敢写，就表示不结实。这样掉下去，可是人命关天，不结实的东西，我是不敢收的。"

"好！我写，我写。"张老板勉强的写了保证书，搁下笔，对徒弟一瞪眼，"把家伙拿出来，出去！再多钉几根长钉子，出了事，咱可要吃不了兜着走了。"

说完，师徒两人又足足忙活了半个多钟头，检查再检查，才气喘吁吁地离去。

故事中的小李考虑到了一点，就是未来很可能出现花架不结实的问题，于是他抓住了张老板的一句话，在自己还能和他讨价还价的时候，达成了协议，从而保护了自己的利益，避免未来可能存在的质量问题。保护自己讨价还价的能力，就是保护自己的利益。在生活中，这一点尤为重要。如果你是买家，你的优势策略就是等验完商品再付款；如果你是卖家，就应该争取对方先支付部分货款再交货。总之，一定要牢牢保护好自己的利益，千万不能让属于自己的蛋糕被别人分走！

从另一个角度来看，社会总是在变化的，如果你总是固守着属于自己的蛋糕，那么可能等着等着你的蛋糕就变馊了；或者你待在原地不动以为自己拿了铁饭碗，可能到头来你只能拿着可怜的口粮，眼巴巴地看着别人获得更好的收益。如果你想与时俱进，就得学会将自己的蛋糕做大。

娃哈哈品牌多年来产销量一直位居全国第一，其总产量约占全国同行业总份额的 18%，从国际通行标准来说，这样的份额基本上是属于"垄断性占有"。市场人士称之为娃哈哈的"赢家通吃"现象。

娃哈哈最初进入市场时，面临着大量的竞争对手，但是娃哈哈并没有被这些已有的对手击垮，反而后来者居上。在残酷的竞争中，娃哈哈凭借其精确的产品定位、有效的品牌延伸，终于从根本上提高了自己的现代化生产能力和生产水平，使娃哈哈具有了和国内外企业全面抗衡的强大实力。

做大以后，娃哈哈时刻不忘巩固自己的优势地位，不失时机地进行了品牌延伸，使产品品牌上升为企业品牌。通过品牌延伸，娃哈哈已经推出了 30 多个系列产品，它们都已成为拳头产品，极大地提高了娃哈哈的市场占有率。

对企业来说，如果想在激烈的市场竞争中脱颖而出，如果想在市场蛋糕的分配中占据最有发言权的一席之地，只有通过做大做强，才能获得更多的资源与优势，进而形成规模优势，为进一步发展壮大奠定坚实的基础。只有将自己的蛋糕做大，才能避免僧多粥少的尴尬局面。

对很多小企业来说，一开始根本就不是分蛋糕的问题，而是没有蛋糕可以分，所以需要尽快做出属于自己的蛋糕来，然后再下工夫将蛋糕做大，这样才能实现一个企业的成长、强大之路。

如今，"美特斯·邦威"已经成为了年轻一代的时尚品牌，它的拥有者周成建在一开始的时候花费了很多的精力考虑它的名字，起初只是想借一个时尚的名字吸引年轻人的眼球，现在"美特斯·邦威"

确实成功了。如今的"美特斯·邦威"已经成为了全国大型服装业中的一员。

在"美特斯·邦威"的成长历程中，周成建为了专卖店的跨越式发展，考虑了很多策略，如率先采取了将经营品牌与销售分开、采取特许连锁经营策略、共担风险、实现双赢，使"美特斯·邦威"这个品牌在广东、上海等大城市中占据了一席之地。"借鸡下蛋"和"借网捕鱼"的服装产业供应链就这么搭建起来了。周成建说他在创业初期，也没有制订过特别的营销策略，不过是想尽方法实干一番。也许正是他这种先做的策略，让他在不断摸索中找到了适合自己企业的生存方式。

提及"美特斯·邦威"的成功，很多人认为是他赶上了市场经济的好的发展时期。周成建对此没有做过多的反驳，他认为：美特斯·邦威发展到如今，不能单纯地归为偶然或者必然。只要你敢做自己敢想的事情，并努力去实现，你就一定可以成功。很多人也认为他的品牌的名字起得好，属于天时地利人和。因为"美特斯·邦威"的含义是创造美丽独特的产品、品牌、企业文化，扬国邦之威。可是周成建的回答是：这个含义也是当"美特斯·邦威"的成绩取得以后才对媒体发布的。

"美特斯·邦威"正是凭借自己的实力才在服装界打出一番自己的天地，而不是凭借大张旗鼓的宣传，或者依靠亮丽抢眼的名字去市场中浑水摸鱼。不管未来的不确定性有多大，有想法就要立刻付诸行动，而不要立刻付诸语言。这样才能打下坚实的基础，铸就事业的平台。美特斯·邦威正是经历了从无到有、从小到大的发展历程，这种奋斗的精神，也是值得很多小企业学习的。

信息博弈：买的不如卖的精

一个古董商发现一个人用珍贵的茶碟做猫食碗，于是假装对这只猫十分喜爱，要从主人手里买下。猫主人不卖，为此古董商出了大价钱。成交之后，古董商装作不在意地说："这个碟子它已经用惯了，就一块送给我吧。"猫主人不干了："你知道用这个碟子，我已经卖出多少只猫了？"这就是一个"信息博弈"的例子。古董商掌握"碟子是古董"这个信息，他认为猫主人不知道，这种"信息不对称"对他有利；可他万万没想到，猫主人不但知道，而且利用了他"认为对方不知道"的错误大赚了一笔。

信息是博弈论中的重要内容。从知识的拥有程度来看，博弈分为完全信息博弈和不完全信息博弈。完全信息博弈是指参与者对所有参与者的策略空间及策略组合下的支付有"完全的了解"，否则是不完全信息博弈。严格地讲，完全信息博弈是指参与者的策略空间及策略组合下的支付，是博弈中所有参与者的"公共知识"的博弈。对不完全信息博弈，参与者所做的是努力使自己利益最大化。

和上文中买猫的古董商一样，信息不对称造成的劣势，几乎是每个人都要面临的困境。谁都不是全知全觉，怎么办？首先，为了避免这样的困境，我们应该在行动之前，尽可能掌握有关信息。人类的知识、经验等，都是这样的"信息库"。古诗有云："不识庐山真面目，只缘身在此山中。"这句诗，映射出信息博弈中的一种常见情况，就是在博弈中，往往会出现某一方所知道的信息而对方不知道的情况，这种信息就是拥有信息一方的私有信息。正是有这种私有信息的存在，才会出现信息不对称的现象，从而导致博弈双方一个占优，一个占劣。

阿尔及利亚位于非洲和撒哈拉大沙漠的西部，北临地中海，与西班牙和法国隔海相望，是非洲第二个面积最大的国家。1830年，法国侵略阿尔及利亚。经过多年战争，法国于1905年占领阿尔及利亚全境。在后来的五六十年间，阿尔及利亚人民奋起反抗，要求独立。法国政府为了镇压阿尔及利亚人民的反抗，派去了不少军队，动用了不少财力和物力。

20世纪60年代初，法国在阿尔及利亚的战争泥潭中越陷越深，总统戴高乐决定同阿尔及利亚人谈判，以便尽快结束战争。然而，驻守在阿尔及利亚的殖民军军官们却密谋发动政变，以阻止戴高乐的和平计划。为瓦解兵变，戴高乐以慰问的名义，向驻守在阿尔及利亚的军人发了几千架晶体管收音机，供士兵收听。这个做法得到了军官们的肯定，他们认为这并非是件坏事。

然而，就在正式会谈开始的那天夜里，收音机里传来了戴高乐总统的声音："士兵们，你们面临着忠于谁的抉择。我就是法兰西，就是它命运的工具，跟我走，服从我的命令……"这声音，这语气，跟当年戴高乐流亡国外，号召法国人民反击德国法西斯时的声音一样。过去他们跟着戴高乐，取得了反法西斯战争的胜利，今天还能有别的选择吗？于是，大部分士兵已经发现事态的真相，都开了小差，整个兵营变得空空荡荡。军官们只好放弃兵变的图谋。

由于博弈双方对信息的掌握通常是不对称的，获得信息优势的人会占据上风，他可以通过披露信息的方式来改变双方的资源配置情况，从而实现影响博弈的结果。戴高乐正是通过披露信息，不费一枪一弹便成功地控制了局面，赢得了政治上的一大胜利。

信息传递不光是一门科学，甚至已经成为一种博弈智慧。如何获得信息、利用信息，是决策者进行博弈决策的一个关键。如果能把信息准确快速地传递出去，就可能为自己赢得成功的机会；反之，如果传递的是错误信息，就会导致失败。

有这样一个故事，据说美军在1910年一次部队的命令传递中闹了很大的笑话。

一天，营长对值班军官说："明晚大约8点钟左右，哈雷彗星将可能在这个地区看到，这颗彗星每隔76年才能看见1次。命令所有士兵着野战服在操场上集合，我将向他们解释这一罕见的现象；如果下雨的话，就在礼堂集合，我为他们放一部有关彗星的影片。"

值班军官对连长说："根据营长的命令，明晚8点哈雷彗星将在操场上空出现。如果下雨的话，就让士兵穿着野战服列队前往礼堂，这一罕见的现象将在那里出现。"

连长对排长说："根据营长的命令，明晚8点，非凡的哈雷彗星将身穿野战服在礼堂中出现。如果操场上下雨，营长将下达另一个命令，这种命令每隔76年才会出现一次。"

排长对班长说："明晚8点，营长将带着哈雷彗星在礼堂中出现，这是每隔76年才有的事。如果下雨的话，营长将命令彗星穿上野战服到操场上去。"

班长对士兵说:"在明晚 8 点下雨的时候,著名的 76 岁的哈雷将军将在营长的陪同下身着野战服,开着他那辆彗星牌汽车,经过操场前往礼堂。"

这是一个很好笑的笑话,信息在传递的过程中,从上到下不断发生变化,最后传到底层士兵耳朵里的,是令人啼笑皆非的信息。在现实生活中,也有同样的例子,信息在"上传"与"下达"的过程中可能会出现误差,也常常因为这样的差异导致很大的损失。因此,为了避免这样的事情发生,一定要制定有效的信息传递方式,确保信息在传递过程中不会被误解、被误传,避免损失。

我们并不一定知道未来将会面对什么问题,但是你掌握的信息越多,正确决策的可能就越大。再来看下面一个故事。

有一天,一个卖草帽的人叫卖归来,到路边的一棵大树旁打起瞌睡。等他醒来的时候,发现身边的帽子都不见了。抬头一看,树上有很多猴子,而且每一只猴子的头上都有顶草帽。他想到猴子喜欢模仿人的动作,于是就把自己头上的帽子拿下来,扔到地上;猴子也学着他,将帽子纷纷扔到地上。于是卖帽子的人捡起地上的帽子,回家去了。后来,他将此事告诉了他的儿子和孙子。

很多年之后,他的孙子继承了卖帽子的家业。有一天,他也在大树旁睡着了,而帽子也同样被猴子拿走了。孙子想到爷爷告诉自己的办法,他拿下帽子扔到地上。可是猴子非但没照着做,还把他扔下的帽子也捡走了,临走时还说:我爷爷早告诉我了,你这个老骗子会玩什么把戏。

信息的不对称,决定了掌握信息的人比没有掌握信息的人更具有优势,在经济领域,这种利用信息不对称而赚取丰厚回报的做法比比皆是。例如,在股市中,有可靠信息来源的人,就比无信息来源的人更容易赚到钱。既然信息对博弈决策至关重要,那么对每个人来说,掌握信息是一种必不可少的人生智慧。而财富就隐藏在信息中,看你能不能把握它,能不能应用它做出正确的判断。

宋国有一户人家,世代以漂染丝绸为业,他家有一种祖传秘方,能调制防治手脚皲裂的药膏。有位游客听说后,出价百两银子收买这种药方。

漂丝人全家商量,认为一家人辛辛苦苦漂染丝绸1年,只不过能赚几两银子,现在一以下子可以得到上百两银子,于是一致决定把药方卖给了那位游客。

游客买下药方,来到吴国。吴国正与越国交战,时值隆冬腊月,北风刺骨,吴国水军士兵的手脚都皲裂了,无法持戈作战,吴王为此很着急。这时,游客献上药方,吴王封他为将,调制药膏治愈了士兵的手脚上的皲裂,一蹴而就,打败了越军。

吴王很高兴,赐封给游客大片土地作为奖赏,并封他为侯。

同样是治皲裂的药膏,漂丝者只为一家人在冬天漂丝用,游客用于两国交战,结果得到了大片的封地。游客聪明就聪明在他利用信息的智慧:一方面,他掌握了"吴王为士兵在冬天出现手脚皲裂而担心"的信息;另一方面,他掌握了"宋国人能够调制预防手脚皲裂药膏"的信息。这个信息的利用,让他起到了雪中送炭的效果,因此大赚了一笔。

羊皮卷上有一句很著名的话,可以用来说明财富就隐藏在信息中:

即使是风，也要嗅一嗅它的味道，便可知道它的来处。在当今这个信息瞬息万变的时代，关注信息就是关注金钱，任何风吹草动都有可能包含着让我们成功的信息。信息已经成为这个时代的决定性力量，及时拥有信息的人，才能拥有财富。在当今社会里，什么都是用信息来衡量的，信息已经成为这个时代的象征。

搏傻理论：别做最大的笨蛋

著名的经济学家凯恩斯，为了能够专注地从事学术研究、免受金钱的困扰，曾出外讲课以赚取课时费，但课时费的收入毕竟是有限的。于是他在1919年8月，借了几千英镑去做远期外汇这种投机生意。

仅仅4个月的时间，凯恩斯净赚1万多英镑，这相当于他讲课10年的收入。但3个月之后，凯恩斯把赚到的利润和借来的本金输了个精光。7个月后，凯恩斯又涉足棉花期货交易，又大获成功。

凯恩斯把期货品种几乎做了个遍，而且还涉足股票。到1937年他因病而"金盆洗手"的时候，已经积攒起一生享用不完的巨额财富。

与一般赌徒不同，作为经济学家的凯恩斯在这场投机的生意中，除了赚取可观的利润之外，最大也是最有益的收获是发现了"笨蛋理论"，也有人将其称为"博傻理论"。凯恩斯曾举过这样一个例子来说明这一理论：

从100张照片中选出你认为最漂亮的脸，选中的有奖。但确定哪一张脸是最漂亮的脸是要由大家投票来决定的。

试想，如果是你，你会怎样投票呢？此时，因为有大家的参与，所以你的正确策略并不是选自己认为的最漂亮的那张脸，而是猜多数人会选谁就投谁一票，哪怕丑得不堪入目。在这里，你的行为是建立在对大众心理猜测的基础上而并非是你的真实想法。

凯恩斯说，专业投资大约可以比作报纸举办的比赛，这些比赛由读者从 100 张照片中选出 6 张最漂亮的面孔，谁的答案最接近全体读者作为一个整体得出的平均答案，谁就能获奖。因此，每个参加者必须挑选并非他自己认为最漂亮的面孔，而是他认为最能吸引其他参加者注意力的面孔，这些其他参加者也正以同样的方式考虑这个问题。现在要选的不是根据个人最佳判断确定的真正最漂亮的面孔，甚至也不是一般人的意见认为的真正最漂亮的面孔。我们必须做出第三种选择，即运用我们的智慧预计一般人的意见，认为一般人的意见应该是什么……这与谁是最漂亮的女人无关，你关心的是怎样预测其他人认为谁最漂亮，又或是其他人认为谁最漂亮……

人们都会跟随别人的选择、猜测别人的选择，进而依据这些信息来做出自己的判断，而不是依据自己的理性推断。这就是博傻理论产生的根源，敢于博傻的人，都是在利用人们内心中存在的"从众心理"，找到更大的笨蛋，那么你就是胜者。

最简单的例子莫过于股票市场，股指越高的时候，人们越敢进入，也是这个道理。人们之所以完全不管某个东西的真实价值，而愿意花高价购买，是因为他们预期有一个"更大的笨蛋"，会花更高的价格，从他们那儿把它买走。比如说，你不知道某个股票的真实价值，但为什么你会花 20 块钱去买一股呢？因为你预期当你抛出时会有人花更高的价钱来购买它。

博傻理论所要揭示的就是投机行为背后的动机，投机行为的关键是判断"有没有比自己更大的笨蛋"，只要自己不是最大的笨蛋，那么自己就一定是赢家，只是赢多赢少的问题。如果再没有一个愿意出更高价格的更大笨蛋来做你的"下家"，那么你就成了最大的笨蛋。可以这样说，任何一个投机者信奉的无非是"最大的笨蛋"理论。

这一理论的直接恶果，就是促成了投机的氛围，使得人们偏离理性的行为决策范畴，成为跟风、投机的大笨蛋，最终都损失惨重。人们绝难想到世界经济发展史上第一起重大投机狂潮，是由一种小小的植物引发的。这一投机事件使荷兰由一个强盛的殖民帝国走向衰落而被载入史册，它也是迄今为止证券交易中极为罕见的一例。经济学上的特有名词"郁金香现象"便由此产生！

郁金香是一种百合科多年生草本植物，原产于小亚细亚，在当地极为普通。一般仅长出三四枚粉白色的广披针形叶子，根部长有鳞状球茎。每逢初春乍暖还寒时，郁金香就含苞待放，花开呈杯状，非常漂亮。郁金香品种很多，其中黑色花很少见，也最珍贵。郁金香的花瓣上，多有条纹或斑点，容易受病毒的侵袭。

17世纪的荷兰社会是培育投机者的温床。人们的赌博和投机欲望是如此的强烈，美丽迷人而又稀有的郁金香难免成为他们猎取的对象，机敏的投机商开始大量囤积郁金香球茎以待价格上涨。在舆论鼓吹之下，人们对郁金香的倾慕之情愈来愈浓，甚至对其表现出一种病态的倾慕与热忱，以致拥有和种植这种花卉逐渐成为享有极高声誉的象征。人们开始竞相效仿疯狂地抢购郁金香球茎。起初，球茎商人只是大量囤积以期价格上涨抛出，随着投机行为的发展，一大批投机者趁机大炒郁金香。一时间，郁金香迅速膨胀为虚幻的价值符号，令千万人为之疯狂。

郁金香在培植过程中常受到一种"花叶病"的非致命病毒的侵袭。病毒使郁金香花瓣产生了一些色彩对比非常鲜明的彩色条或"火焰"，荷兰人极其珍视这些被称之为"稀奇古怪"的受感染的球茎。

"花叶病"促使人们更疯狂的投机。不久，公众一致的鉴别标准就成为："一个球茎越古怪其价格就越高！"郁金香球茎的价格开始猛涨，价格越高，购买者越多。欧洲各国的投机商纷纷拥入荷兰，加入了这一投机狂潮。

1636年，以往表面上看起来不值一钱的郁金香，竟然达到了与一辆马车、几匹马等值的地步。就连长在地里肉眼看不见的球茎都几经转手交易。

1637年，一种叫switser的郁金香球茎价格在1个月里上涨了485%！在1年时间里，郁金香总涨幅高达5 900%！

所有的投机狂热行为有着一样的规律，价格的上扬促使众多的投机者介入，长时间的居高不下的价格又促使众多的投机者谨慎从事。此时，任何风吹草动都可能导致整个市场的崩溃。一时间，郁金香成了烫手山芋，无人再敢接手。郁金香球茎的价格宛如断崖上滑落的枯枝，一泻千里，暴跌不止。荷兰政府发出声明，认为郁金香球茎价格无理由下跌，让市民停止抛售，并试图以合同价格的10%来了结所有的合同，但这些努力毫无用处。很快，一根郁金香几乎一文不值，其售价不过是一只普通洋葱的售价。千万人为之悲泣。一夜之间多少人成为不名分文的穷光蛋，富有的商人变成了乞丐，一些大贵族也陷入无法挽救的破产境地。

暴涨必有暴跌，客观经济规律的作用是任何人都无法阻挡的。下跌狂潮刚过，市民们怨声载道，极力搜寻替罪羊，却极力回避全国上下群体无理智的投机这一事实。他们把原因归结为政府调控手段不力，恳请政府将球茎的价格恢复到暴跌以前的水平，这显然是自欺欺人。

人们紧接着把求援之手伸向法院。恐慌之中，那些原已签订合同要以高价购买的商人全部拒绝履行承诺，只有法律才能督促他们依照合同办事。然而，法律除了能干预某些具体的经济行为外，它是绝不能凌驾于经济规律之上的。法官无可奈何地声称，郁金香投机狂潮实为一次全国性的赌博活动，其行为不受法律保护。

人们彻底绝望了！从前那些因一夜乍富喜极而泣之人，如今又在为乍然降临的一贫如洗仰天悲哭了。宛如一场噩梦，人们醒来之时，用手拼命掐自己的脸蛋才发觉现实很残忍。身心疲乏的荷兰人每天用呆滞的目光盯着手里郁金香球茎，反省着梦里的一切……

世界投机狂潮的始作俑者为自己的狂热付出的代价太大了，荷兰经济的繁荣仅昙花一现，从此走向衰落。郁金香球茎大恐慌给荷兰造成了严重的影响，使之陷入了长期的经济大萧条。17世纪后半期，荷兰在欧洲的地位受到英国有力的挑战，欧洲繁荣的中心随即移向英吉利海峡彼岸。郁金香依然是郁金香，荷兰却从世界头号帝国的宝座上跌落下来，从此一蹶不振。"郁金香现象"也成了经济活动特别是股票市场上投机造成股价暴涨暴跌的代名词，永远载入世界经济发展史。

不是人人都能够保持理性思考的习惯，在诱人的利益面前，谁都心动，明知道泡沫是支持不住的，还存在侥幸心理，希望自己不是最大的笨蛋就好。可是现实是无情的，总会有人成为最后的笨蛋。1720年，英国股票投机狂潮中就有这样一个插曲：一个无名氏创建了一家莫须有的公司。自始至终无人知道这是一家什么公司，但认购时近千名投资者争先恐后把大门挤倒。没有多少人相信这家公司真正获利丰厚，而是预期有更大的笨蛋会出现，价格会上涨，自己能赚钱。饶有意味的是，牛顿参与了这场投机，并且最终成了最大的笨蛋。他因此感叹："我能计算出天体运行，但人们的疯狂实在难以估计。"

Chapter 09
聪明地应对世界的变化

这个世界,唯一不变的就是变化。

要改变世界,很难;要改变自己,则比较容易。我们可以改变自己的某些观念和做法,以抵御外来侵袭。当自己改变后,眼中的世界自然也就跟着改变了。

如果你希望看到世界改变,那么第一个必须改变的就是自己,改变了自己,人生也会随之改变。

换一个角度看问题

一样的问题,看待的角度不同,结果就会截然不同。当你遭遇挫折,身处困境感到绝望时,对生活失去信心时,不妨跳出问题的本身,换个角度思考一下,这样你会发现,问题并没有你想象的那么糟糕,还是有乐观之处的。

美国前总统罗斯福的家晚上遭人偷盗,丢了很多东西,一个朋友听说此事后来安慰他，然而，罗斯福却笑着说："没什么，不用为我担心，我很高兴。第一，那贼只偷走了我的部分财产，而不是全部；第二，他只是来偷我的东西，而不是要杀我；第三，最值得庆幸的是做贼的是他而不是我。"

可见，事情并没有严格的好与坏之分，只是要看你如何看待。你看待的角度不同，自己产生的情绪就不同。我们不可能事事都称心如意，遇到困难、烦心的事，如果采取既"进"又"退"的多条路线去想问题，去看人看事，就会收到意想不到的效果。

在很多时候，我们所有的苦难与烦恼都是自己依靠过去生活中所得到"经验"做出的错误判断。这时，我们不妨跳出来，换个角度看问题，这样你就不会为战场失败、商场失手、情场失意而颓唐；也不会为名利加身、赞誉四起而得意忘形。换个角度看待问题，是一种突破、一种解脱、一种超越、一种高层次的淡泊宁静。

在生活中，被人误解或受点委屈是常有的事，如果我们此时不急于表白自己，而是换个角度来分析，把它看作是提高自己的阶梯，那么，取得更大的进步是有可能的。

有两个人一起在街上闲逛，迎面碰到他们的同事，但对方没有与他们打招呼，径直走过去了。面对这件事情，两个人产生了两种截然不同的看法。

其中一个人是这样想的，那个同事可能正在想别的事情，没有注意到我们。即使是看到我们而没有理睬，也可能是有什么特殊的原因。

而另一个人却有不同的想法："是不是上次我顶撞了他，他就故意不理我了，下一步他可能就要故意找我的茬了。"

这让我们看到，两种不同的想法会导致两种不同的情绪和行为反应。前者可能觉得无所谓，该干什么仍继续干什么；而后者就可能忧心忡忡，以致无法平静下来干好自己的工作。

常常换一种眼光看问题，能够使我们心胸开阔，不拘泥于事物。当我们刚走上社会而心存畏惧时，我们要想那是锻炼我们的好天地；当我们做某件事情成功后，我们要想到它其实也可能会走向失败……

换一种立场思考，需要有对生活的敏锐观察和深入思考。如果别人鄙视你，说你能力如何如何不行，业绩如何如何不如他人，事情办得如何如何差劲，你一定不要生气，也许这正是改变他人眼光的好机会。以你的实际行动和优异成绩来证明你是能干的、能行的，鄙视你的人自然也就不再鄙视你了。所以，当你换一种眼光的时候，也许别人也换了眼光，你应该感谢别人鞭策和激励了你。

换一种立场、换一个角度，就会有新奇的发现。横着切苹果，我们会发现珍贵的"星星"，站在别人的立场，我们会发现自己的不足。换一种立场看垃圾，如果措施得当、得力，它们将不再是脏乱的废物，而是可以利用的资源。

换一个角度看问题，你就会认识到生活的苦、累或开心、舒坦，取决于人的一种心境，牵涉人对生活的态度，对事物的感受；换一个角度看问题，你就会从容坦然地面对生活，再也不会拿别人的错误来惩罚自己了。当痛苦向你袭来的时候，换个角度看问题，勇敢地面对挫折，在忧伤的瘠土上寻找痛苦的成因、教训及战胜痛苦的方法，让灵魂在布满荆棘的心灵上作出勇敢的抉择，去赢取人生的丰收。换一个角度看问题，自己就会在平淡的日子中获得快乐，心灵也会豁亮，不再烦恼。所以，让我们学会换一种立场看问题，不以偏概全，也不以主观否定客观。这样，我们才能获得美好的生活，成就伟大的事业。

勇于改变自己

很久很久以前，人类仍赤着双脚走路。

有一位国王到某个偏远的乡间旅行，因为路面崎岖不平，有很多碎石头，刺得他的脚又痛又麻。回到王宫后，他下了一道命令，要将国内的所有道路都铺上一层牛皮。他认为这样做，不只是为自己，还可造福他的人民，让大家走路时不再受刺痛之苦。

但即使杀尽国内所有的牛，也筹措不到足够的皮革，而所花费的金钱、动用的人力，更不知有多少。虽然这件事根本做不到，甚至还相当愚蠢，但因为是国王的命令，大家也只能摇头叹息。一位聪明的仆人大胆向国王提出建言："国王啊！为什么您要劳师动众，牺牲那么多头牛，花费那么多金钱呢？您何不只用两小片牛皮包住您的脚呢？"国王听了很惊讶，但也当下领悟，于是立刻收回成命，采纳了这个建议。据说，这就是"皮鞋"的由来。

想改变世界，很难；要改变自己，则较为容易。

与其改变全世界，不如先改变自己——"将自己的双脚包起来"。

我们可以改变自己的某些观念和做法，以抵御外来的侵袭。当自己改变后，你眼中的世界自然也就跟着改变了。

如果你希望看到世界改变，那么第一个必须改变的就是自己。

心若改变，态度就会改变；态度改变，习惯就会改变；习惯改变，人生就会改变。

用冷静和敏捷化险为夷

在危机来临的时候，不必慌乱，千万别束手无策，要全力以赴，从能做的做起。同时，以强烈的求新求变意识，摸索对策，在最短的时间内，扭转败局，反败为胜。

美国的波音公司和欧洲的空中客车公司曾为争夺日本"全日空"的一笔大生意而打得不可开交，双方都想尽各种办法，力求争取到这笔生意。由于两家公司的飞机在技术指标上不相上下，报价也差不多，"全日空"一时拿不定主意。

可就在这关键时刻，短短2个月内，世界上就发生了3起波音客机的空难事件。一时间，来自四面八方的各种指责都向波音公司汇集而来。这使得波音公司觉得蒙受了奇耻大辱，产品质量的可靠性也受到了人们的普遍怀疑。这对正与空中客车争夺的那笔买卖来说，无疑是一个丧钟般的讯号。许多人都认为，这次波音公司肯定是输定了。但波音公司的董事长威尔逊却并没有为这一系列的事件所击倒。他马上向公司全体员工发出了动员令，号召公司全体上下一齐行动起来，采取紧急的应变措施，力闯难关。

他先是扩大了自己的优惠条件，答应为全日空航空公司提供财务和配件供应方面的便利，同时低价提供飞机的保养和机组人员培训；接着，又针对空中客车飞机的问题采取对策，在原先准备与日本人合作制造 A3 型飞机的基础上，提出了愿和他们合作制造较 A3 型飞机更先进的 767 型机的新建议。空难前，波音原定与日本三菱、川琦和富士三家著名公司合作制造 767 客机的机身。空难后，波音不但加大了给对方的优惠，而且还主动提供了价值 5 亿美元的订单。通过打外围战，波音公司博得了日本企业界的普遍好感。在一系列努力的基础上，波音公司终于战胜了对手，与"全日空"签订了高达 10 亿美元的成交合同。这样，波音公司不仅渡过了难关，还为自己开拓了日本市场，打了一场反败为胜的漂亮仗。

及时应变，就能在被完全击垮之前扭转局面，掌握主动权。在应变时，应注意以下几点：

（1）立足于自我优势，如人员优势、地形优势、技术优势等，充分利用、充分发挥，以此展开对策。

（2）充分了解对方的需要，做好有针对性的准备。

（3）多付出一点点，以小利博大利。

（4）诚信待人，博得他人的信任，赢得他人的合作。

（5）学会应变，遇到危机时，不要消极躲避，更不要以硬碰硬。全力以赴，靠你敏捷的思维化险为夷。

1991 年 9 月，名声显赫的台湾海霸王食品公司发生了中毒案，致使该公司的信誉一落千丈，营业额只有原来的 10%。然而，在类似的情况下，美国乔克尔恩逊药品公司却能平安地渡过危机。事件发生之后，该公司迅速采取了周密的应变策略，全力推行危机管理，制定了"终止死亡，找出原因，解决问题、通告公众"的重要决策。在获悉第一个死亡消息 1 小时内，公司人员立即对这批药品进行化验，结果表明阴性。但他们还是花费大量经费通知 45 万个包括医院、医生、批发商在内的用户，请他们停止出售并立即收回该公司的药品。同时撤销所有的电视广告，把事实真相以及公司所采取的对策迅速向公众告知。公司最终消除了公众的误解，仅仅 3 个月就恢复了生机。

英国航空公司曾遇到这样一件事：一次，一架由伦敦经纽约、华盛顿飞往迈阿密的英国航班，因机械故障被迫降落在纽约并禁飞。乘客对此极为不满，对英国航空公司怨声载道。该公司立即调度班机，将 63 名旅客送往目的地。当旅客下机时，英航职员向他们呈递了言辞诚恳的致歉信，并为他们办理退款手续。63 名乘客免费搭乘了此班飞机。此举异常高明，尽管英航损失了一大笔钱，但起了力挽狂澜之功效，大大弱化了乘客的不满情绪。英航的这一举措被人们广为流传，不仅未使英航声誉受损，反而大大提高了声誉，乘客源源不断。

面对危机，不要害怕，不要手足无措，要学会应变，根据不同的情况做出相应的变通。这样你才有可能克服困难，走向成功。

敢于变化才能有发展

许多刚开始经商的人，总是习惯于别人做什么，自己也跟着做什么。殊不知，市场是变幻莫测的，如果你不懂得"变"，就不能够取得很好的发展。

1973 年，英国青年科莱特考入了美国哈佛大学。常和他坐在一起听课的是一位 18 岁的美国小伙子。大学二年级那年，这位小伙子和科莱特商议，一起退学，去开发财务软件。因为新编教程中，已解决了进位制路径转换问题。

当时，科莱特感到十分惊讶。因为他是来这里求学的，不是闹着玩的，再说 BIT 系统，默尔博士才教了点皮毛，要开发 BIT 财务软件，不学完大学的全部课程是不可能成功的。他委婉地拒绝了那位小伙子的邀请，安分守己地做着自己的事。

转眼间，10 年时间过去了，科莱特成为哈佛大学计算机 BIT 方面的博士研究生，那位退学的小伙子也在这一年进入美国《福布斯》杂志亿万富豪排行榜。到 1995 年，科莱特经过攻读取得博士学位之后，他认为自己已具备了足够的学识，可以开发 BIT 财务软件了，而那位小伙子则已绕过 BIT 系统，开发出 EIP 财务软件，它比 BIT 软件快 1 500 倍，并且在 2 周内占领了全球市场。这一年，他成了世界首富。一个代表成功和财富的名字——比尔·盖茨，也随之传遍世界的各个角落。

比尔·盖茨正因为懂得依情势而变通，才能成就一番事业。而科莱特却因为守旧而丧失了创业的大好机会。

李嘉诚说："做生意主要有三种方式：一是创新，二是改进，三是跟风。创新吃的就是'一招鲜'，虽然不易，一旦使出来，却费力少而收获大；改进是在别人的基础上做得更好，虽不易造成轰动，后劲却很足；跟风是跟在别人后面亦步亦趋，这样做起来较容易，风险也较小，但跟吃别人的残羹冷饭差不多，收获有限。若想从小做大，最低限度应持改进的态度，不能老跟风，若有机会，也不妨创创新，来一个'一招鲜，吃遍天'。"

卞克是成都餐饮业的传奇人物，"卞氏菜根香"的创始人，当年他开始创业的时候，不知道怎样做才能与别人不一样。卞克当年以3 000元起家，先做当时比较火爆的傣家风格酒楼，主要经营傣家风味菜，同时伴有傣家歌舞的表演及傣家的待客礼仪。从1987年到1998年，卞克先后经营过火锅鸡、自助餐火锅、鱼头火锅、澳大利亚肥牛烧烤、淮扬菜……在这个过程中，卞克一直在思考：怎么样才能避免与人重复开店，真正创建一个有自己特色、叫得响的餐饮企业？

1998年年初，卞克受《菜根谭》一书的影响，特别是书中那"吃得菜根，百事可为"的警句更是给了他诸多灵感。同时，他想到泡菜是四川本土最地道的家常小菜，几乎每家都有，人人喜爱，泡菜能勾起人们的亲情和乡情。于是，"成都菜根香泡菜酒楼"便成立了。酒楼成立之后，成功地推出了泡椒系列菜品，"泡椒墨鱼仔""泡椒牛蛙"等一系列泡荤菜让顾客品尝到了泡菜的美味。而"菜根老坛子"更是把猪耳朵、猪尾巴、鸡爪和五颜六色的时令蔬菜同泡，一时成了"卞氏菜根香"的招牌菜。

不久，45家卞氏菜根香连锁酒楼也遍及了全国20多个省会城市，一时间，人人都从酒楼里知道了那句"吃得菜根，百事可为"的警句。卞克在几年的时间内打造出了一个名满全国的川菜品牌——菜根香，创下了1年销售额逾2亿元的奇迹。

卞克之所以能够成功，正是因为他做出了和别人不同的选择。别具一格，是他经商致富的秘诀。

卞克的儿子卞军是这样看待他的父亲的："父亲一生对事业都很执着，善于思考。记忆中，父亲从来没有动手打过我们，他注重启发教育，要我们先学会做人，经常说'做好人自然就能做好事'。他喜欢看历史书，特别是喜欢看人物传记，说'很多人一辈子的经历浓缩成了一本书，我们用几个小时就看清别人一生的阅历，何乐而不为'。"

敢于变化才有发展。"变"推动着我们的社会向前发展。从人类诞生的那一天起，变的脚步就从未停止过。也正是因为敢变，人类才能有所发展，社会才能有所进步。

古人说："流水不腐，户枢不蠹。"只有求新求变，才会有生命力。在日新月异的社会中，抱残守缺就意味着失败，只有不断创新，你的事业才会更加兴旺发达。

只有想不到，没有做不到

思考是行动的前提，要想做得到先要想得到。想到是进行思维的结果，在正确的思维指导下去行动，是取得成功的关键。所以，做任何事情首先都要进行周密的思考，制订出相应的目标和规划。因为没有目标的工作是不可能让我们调动所有的潜能为之努力的，也不可能创造出最大的人生价值。

美联社曾讲述过一位普通美国青年用一枚曲别针换来房子的故事。故事的主人公凯尔·麦克唐纳和千千万万的美国普通青年一样，买不起房子，不过他有更富创意的办法：学习原始居民，进行物物交换。从 2005 年 7 月起，麦克唐纳利用互联网，用一枚红色曲别针开始与人交换，首先换回一支鱼形笔，接着再把笔换成小件艺术品……汽车……就这样，随着物品的变化，麦克唐纳最终没花一分钱，换回一套漂亮的双层公寓！这在一般人眼里看似完全不可能的事情，麦克唐纳却将其变成了现实，他是如何实现的呢？

麦克唐纳是一个送货工，负责给快餐公司送比萨、汉堡等，业余时间里还做些兼职。别看他只有 26 岁，却尝试过各种各样的工作，眼界也因此比较开阔。麦克唐纳与朋友一起租房，依靠偶尔在展销会上推销些商品足以缴纳每月 300 美元的房租。但是，麦克唐纳心里始终挂着一件事：买一套属于自己的房子。不过他知道，依目前的经济能力，这个想法无异于天方夜谭。

庆幸的是，麦克唐纳有自己的法宝：良好的推销技能。麦克唐纳有一枚特大号的红色曲别针，是一件难得的艺术品。为了通过这枚曲别针交换些更大、更好的东西，他在当地的物品交换网站上贴出了广告。此时，他只是期待着能交换到心仪的东西，房子还是一个遥不可及的梦想。

很快，来自英属哥伦比亚的两名妇女用一支鱼形钢笔换走了他的红色曲别针。就在当天，他前往西雅图参加了一场舞会，返回时，他顺道拜访艺术家安妮·罗宾斯。安妮也对这一网站感兴趣，并且曾经在网上与麦克唐纳交流过。麦克唐纳带着那支鱼形钢笔去了安妮的家。没想到，交易顺利达成！麦克唐纳带着一只绘有笑脸的陶瓷门把手走出安妮的家门。

接下来的交换对象，是来自弗吉尼亚州亚历山德里亚市的 35 岁的肖恩·斯帕克斯。斯帕克斯给了麦克唐纳一只科尔曼牌的烤炉。斯帕克斯有两只，可一般情况下用不着这么多，恰巧他的咖啡机把手坏了，于是将目光瞄准了麦克唐纳的陶瓷把手。交易再次达成。麦克唐纳开始意识到物物交换的妙处：每次交换后，他拥有的东西就越来越大，也越来越有价值。

麦克唐纳决定继续交易下去。加州潘德顿海军陆战队空军基地的一名军官要了这只烤炉，并给了麦克唐纳一个发电机。随后，他用这只发电机换了一个具有多年历史的百威啤酒的啤酒桶。加拿大蒙特利尔市一名电台播音员相中了这只古典啤酒桶，用一辆旧的雪上汽车交换了啤酒桶。

加拿大一家雪上汽车杂志愿意为麦克唐纳提供一次花销不菲的旅行。而麦克唐纳又将这次旅行的机会转让给了一个魁北克的经理，换取了一辆1995年生产的泰龙敞篷车。麦克唐纳随即将车转手给一位音乐家，得到了工作室录制唱片的一份合同。麦克唐纳把这个机会给了凤凰城一名落魄的歌手，歌手感激涕零给了他一套双层公寓！

至此，麦克唐纳就由一个送外卖的小青年，成长为人生经验丰富，拥有一套双层公寓的风云人物。

麦克唐纳的故事足以证明：只有想不到，没有做不到，只要想做到，就能够做得到。想不到的人，永远不可能做到；浅尝辄止的人，也不可能做到；只有那些像得了魔怔一样想到底的人，才能做到，才能成功。可见，只要进行正面思维，加上必胜的决心，就可以做成想做的事情。

偏执狂才能成功

一本名为《偏执狂才能成功》的书同《谁动了我的奶酪》一样风靡整个世界，让我们更深一步地了解了 Intel 公司创始人安德鲁·格鲁夫及该公司的企业文化。

在 Intel 公司有一个非常流行的鱼缸理论：当你把鱼放在一个方形的容器里，因为有死角，鱼就会待在角落里呆滞不动。但当你把鱼放在一个圆形的容器里的时候，鱼会感到压力，就会不停游动，直到筋疲力尽。这个理论印证了"只有偏执狂才能成功"的道理。

正是格鲁夫，多次带领 Intel 走出困境，创造了每年给投资者平均 44% 以上收益的高回报率。他重新定义了 Intel，使之从制造商转变为业界领袖。

格鲁夫的巨大成就离不开他追求成功的偏执个性，更可贵的是他对待工作的严谨求实的作风。他认为很多人说得头头是道，但身体力行者却寥寥无几，很多人总自以为是地把新问题当作老问题来解决，不调查、不了解，忽视了问题的变化。因此，他不厌其烦地要求企业内各部门经理不要怕琐碎和麻烦，要对外界的情况变化"了解、再了解"。他给人留下的印象始终是非常执着，越是困难的问题，他越是努力寻找答案。

格鲁夫只是想告诉世界，但凡追求成功的人，都必须具有两个必备的特质，那就是对正确理念的不懈坚持，对完美的不断追求。这需要极大的勇气，需要执行者具备某种程度的"偏执"。

格鲁夫用自己亲身的经历来告诉我们，只要去做到他所说的偏执，我们就可以如他一样成功。而一个人一旦成为思想上的偏执者，一旦对正确理念坚持不懈，执着地去寻求问题的答案，他就必然有自己独特的想法，必然有所创新，直至成功。

有一个雕刻家，自从爱上雕刻这一行后，从来就没有好好睡过一次觉。

每当有作品需要创作的时候，他的一日三餐仅是几片面包。清晨他从面包铺里买来面包，吃一个当早餐，剩下的就揣在怀里。他爬到高高的梯子上工作，饿了便啃面包充饥。

他本来并不是一个孤僻的人，但从事雕刻工作的时间越长，他越来越无法跟人沟通。在创作的时候，只要有一个人在场，就能完全扰乱他的情绪。他必须要有一种与世隔绝之感，方能得心应手地工作。

他最大的痛苦不是创作不出满意的作品，而是需要为生活琐事忙碌。

他以前并不是一个追求完美的人，但到后来，他无法容忍自己的作品出现微瑕。一旦他在一件雕像中发现有错，就会放弃整个作品，转而另雕一块石头。

所以，他留给这个世界的作品很少。

他的名字叫米开朗基罗，一位天才的雕刻艺术家。

几百年前一个下雪的早晨，名声威震欧洲的米开朗基罗很早就出门了。他在斗兽场附近碰见了城里教堂的主教。主教惊讶地问他："在这样的鬼天气里，这样的高龄，你还出门上哪里去？"

"上学院去。想再努一把力,学点东西。"他回答。

几百年后的今天,我们可以想象,在那一天,他所在学院的学生们还在有火炉的房间酣睡,而一位风烛残年的老人,却"吱呀"一声打开了结着冰花的工作室的门。

人们常在问:"成功是什么?成功有无止境?"也许从米开朗基罗的故事中我们可以知道:成功有时是偏执的果实。引用马克·吐温的话:"偏执者与神离得最近。"对我们而言,做什么事情如果都能达到痴迷忘我的程度、达到偏执狂的地步,那我们就可能拥有创新的思维,离成功也就不会太远了。

Chapter 10
身心越愉悦，大脑越灵光

前面讲了很多聪明人的事例，如果我们据此做个不完全归纳推理，能到出什么结论呢？

英国心理学家、教育家托尼·布赞得出的结论是：聪明的秘密在于多动脑子。他指出："你首先要了解大脑是什么样的，以便使用你大脑的大部分。你要做的第一件事情就是弄清大脑的构造，然后是它如何工作、如何记忆、如何集中注意力、如何进行创造性思维。这样，你确确实实开始了对你自身的了解和探索。"

聪明的秘密在于多动脑子

人的大脑是人类进化的前锋。我们进步的程度取决于我们利用这一自然界最惊人的产物的程度。从出生到生命终止，人的大脑要不断地学习。人的脑容量大约有 1 500 毫升，重量只有 3.5 磅左右，然而它却是世界上最复杂的系统。

人类对人脑了解得越多，越发现人脑的容量和潜能远远超过早期的预料。脑的储量足以记录每秒1 000个新的信息单位（从出生到死亡）且绰绰有余。最近的科学实验提出，事实上我们能记住发生于我们周围的每一件事。

人脑的运算速度之快是令人咋舌的，几百分之一秒内接收一个人脸的视觉映象；在1/4秒内分析它的许多详细情况；并将全部信息综合成一个整体在大脑中产生一个明确的、三维的面容，即使从未在这个地点、见过这个面容及其表情，人脑仍能从其庞大的记忆中的数张其他面容中识别这一面容，能想起关于这个人的许多印象，全部过程仅需要1秒钟。同时，大脑还要解释其面部表情，决定行动程序，调动全身肌肉开始复杂的活动，例如伸出手来，微笑，声带复杂地振动着（充满难以形容的语调）说："喂，老张！"

在千万亿个脑细胞中，大约有1 000亿个是活跃的神经细胞。每个神经细胞可以与其他细胞构成多至2万个连接。斯坦福大学教授罗伯特·奥恩斯坦在《奇妙的大脑》一书中指出，神经细胞作不同连接的可能数目也许比宇宙中的原子数还要多。

托尼·布赞指出："你的大脑就像一个沉睡的巨人。它是由千万亿个脑细胞构成的，每个脑细胞就其形状而言就像最复杂的小章鱼。它有中心，有许多分支，每一分支有许多连接点。几十亿脑细胞中的每一个脑细胞都比今天地球上大多数的电脑强大和复杂许多倍。每一个脑细胞与几万至几十万个脑细胞连接。它们来回不断地传送着信息。这被称为迷人的织造术，其复杂和美丽程度在世间万物中无与伦比。

而我们每个人都有一个。"

人们常说，我们只用了我们全部智力潜能的10%。但现在看来，这个估计是过高了。我们用的连3%都不到，有可能是0.1%或更少。

右脑创意，左脑表达

人的大脑分为左、右两半部，右半球就是"右脑"，左半球就是"左脑"，两半球经胼胝体（连接两半球的横向神经纤维）连接。左右脑平分了脑部的所有构造，两者形状相同，但是功能却大不一样。

左脑是理性脑，有人直接称之为语言脑，它掌握语言、文字、符号、分析、计算、推理、判断等，并且直接指挥右侧身体的运动技能，如右耳、右手、右腿等动作。左脑用语言来运转，它的思维方式以抽象思维和逻辑思维为主，具有连续性、延续性和分析性等特点。

与左脑不同，右脑是感性脑，它掌握音乐、绘画、想象、创造等，并且直接指挥左侧身体的运动技能，如左眼、左耳、左手、左脚等动作。右脑用图像来运转，它的思维方式以形象思维和直觉思维为主，具有无序性、跳跃性和直觉性等特点。

左脑主要功能是进行逻辑推理和语言表达，右脑的主要功能是进行空间和形象的思维，具体体现在直觉、节奏、形象、想象、空间感、整体性等方面的能力。

人类对于左右脑功能的区分取得突破性进展是在20世纪60年代。当时罗杰·斯佩利博士和他的学生米凯尔·加扎尼加与杰尔·莱文进行了历史上著名的裂脑实验，证实了大脑不对称性的"左右脑分工理论"，并因此获得了1981年度的诺贝尔医学生理学奖。

在实验中，他们能够分别测验用外科手术分割开的人脑两半球各自的思维能力。他们发现：人脑的每一半，都有其自身独立的意识思维序列以及其自身的记忆。更加值得注意的是，他们甚至发现人脑的左右两半是用完全不同的方式进行思维的——左脑易于用语言思维，而右脑却用感性表象来思维。

另外一个常用的证明左、右脑差异的方法是双耳听力测验。当人的左耳和右耳同时听到不同的言语时，人类更倾向于报告出右耳听到的话，而对左耳听到得那些话语置之不理。如果用音乐来做的实验时，情况刚好相反，这时人类更倾向于表现出左耳的优势。因为听音乐是右半球控制的，而语言是左半球中的语言中枢控制的。所以有人就说，夫妻之间如果是吵架就要靠近对方的右耳，若是说悄悄话就应该靠近对方的左耳，这样可以更好地培养夫妻感情，因为从左耳说才能进入右脑，而右脑比左脑更能形成感性认识。

大家去逛商场时也会发现，商场高档、昂贵的商品一般陈列在左侧的陈列架上。这是销售人员从无数的经验中总结出来的一种销售技巧。仔细推敲你会发现，这其实是对"左右脑分工理论"的合理运用。一走进商场，大家立即就被明亮的照明和优美的背景音乐所倾倒，莫名其妙的就会被感染上一种欢乐的情绪。其实，这是因为在店内氛围的作用下，右脑进入亢奋状态的结果。此时，陈列在左侧视野当中的商品信息被传送至右脑，对于商品的好坏、是否是自己需要的、是否适合自己、性价比是否合适等信息就变得迟钝了，右脑的直觉性判断占据上风，顾客就更容易有购买欲望。每一个人几乎都可能经历过冲动购买，这就是原因所在。背景音乐往往被大家忽略，或者在潜意识中不去注意它，其实它在不知不觉中对耳朵进行刺激，从而去影响大家。现在的暗示、宣传、引领时尚流行等很多方面都巧妙地利用了这一点。

法国神经生理学家皮埃尔·保罗·布洛卡有一句名言："我们用大脑左半球说话。"从反面来理解，它就意味着人类的右脑不具有语言功能。那么，右脑是不是就不具有表达的自由以及交流的手段了呢？喜悦、悲伤、忧伤、焦虑……这些就是右脑所具有的出色的表达方式，由于它们无法直接用语言来表达，于是只能通过具有语言技能的左脑才能得以表达。这对于两侧的大脑来说，自然是很不公平的，也是引起精神紧张和欲求不满的原因。

"歇斯底里"常用来形容人的"情绪异常激动，举止失常"，指人发怒时，血冲脑顶，大声哭喊，随手乱扔东西等一种近似疯狂的状态。科学研究发现，歇斯底里是不具语言技能的右半球发出的呐喊。

从广义上讲，绘画、音乐等艺术形式也是一种人与人交流的手段。它们不需要使用语言来表达，因为它们是一种更适合于表达感情的自我表达方式。然而，不是人人都能够掌握绘画和音乐等表达方式的，这些方式对于稍纵即逝的感情也无法表达。那么，右脑感受到的、想到的事情由什么方式表达呢？最简单的一种方式就是脸部的表情。

1987年，H. A. 扎克海姆提出人的感情在脸部的左侧表达的更加强烈。他将脸部的照片分成左右两部分，将一侧的照片与将它反过来之后制成的照片拼在一起，合成一张新的脸。新的脸有的是用左侧脸合成的，有的是用右侧脸合成的，然后让被调查者回答，哪些脸更加富有表情。结果大多数被调查者都回答，用左侧脸合成的脸的情感更加强烈。大家如果仔细观察可以发现，影视明星的照片或杂志的封面，大部分都是脸微微向右侧，这也是左脸的表情更丰富、更美的一个证据。而歇斯底里患者的内心欲求不满非常强烈，已经不足以用脸部的表情来表达，他们需要更加激烈的表达方式，而且，歇斯底里的症状大多出现在身体的左侧。有关研究认为，这是右脑因为欲求不满、没有发泄渠道而发出的悲鸣。

有人用很形象的比喻来形容左右脑的不同，他们把男性大脑比作左脑，女性大脑比作右脑。因为男性大脑天生逻辑性和方向感比较强，同时男性也更加理智和现实。而女性大脑更加侧重于形象思维，更容易感情用事。在空间能力方面，女性的大脑分工比较模糊，男性的大脑分工比较明显；在支配语言能力方面，女性控制语言过程的左脑半球的专门化速度要比男性快。从大脑的构造上看，女性左右脑的脑梁部分粗于男性，所以左右脑可以更顺利地同时使用，所以女性大脑的沟通交流能力特别发达，她们更加敏感、直觉也更加灵敏，能够通过察言观色来了解对方。

越放松，越聪明

左右脑具有不同的信息处理方式，大脑会根据不同的信息选择不同的处理方式。如果要更好地利用右脑的潜能，就必须把大脑的状态从左脑切换到右脑。

什么是右脑状态呢？其实，在日常生活中，我们常常会无意识地进入右脑状态。

当我们沉浸在音乐美妙的旋律中时，常常忽略身边嘈杂的声音；当我们边走边想事情的时候，猛一抬头，却发现自己不知不觉已经走了很远；当老师在课堂上讲得津津有味的时候，我们却恍若无人的在座位上做白日梦；当肚子饿了的时候，想到妈妈做的色、香、味俱全的饭菜时，口水不知不觉地流了出来……这些都是大脑处于右脑状态的反映。

根据科学家的研究，人类大脑的脑波可以分为4个主要类别：α波、β波、θ波和δ波。

在α脑波状态时，人的大脑清醒而身体却是放松的，注意力呈聚焦状，容易集中精神于某一工作中，不易被外界其他事物干扰，并且大脑不易疲劳。α脑波状态是意识与潜意识沟通的桥梁。由于在这种状态下，身心能量耗费最少，相对地脑部所获得的能量较高，运作就会更加快速、顺畅，灵感及直觉敏锐，脑的活动十分活跃。现代科学认为α波是人们学习与思考的最佳脑波状态。所以我们通常所说的右脑状态就是指人的脑波处于α波的状态。

当人的身体处于极度放松的状态时，人的大脑中就会产生α波，进而处于右脑状态。所以要实现左右脑状态的切换，必须要使人的身体处于极度放松的状态。右脑专家们经过无数的研究发现，冥想、深呼吸、心像训练可以使人们的身体处于极度放松的状态。

冥想

冥想是一种改变意识的形式，它通过获得深度的宁静状态而增强自我知识和良好状态。冥想是有意识地把注意力集中在某一点或想法上，在长时间反复练习下，使大脑进入更高的意识（类似"入定"），最终达到天人合一的"忘我之境"。在冥想的时候，人们可以采取某些身体姿势（如瑜伽姿势），将注意力集中在自己的呼吸上并调节呼吸，从而使外部刺激减至最小，产生特定的心理表象，或者什么都不想。它不是要意识消失，而是在意识十分清醒的状态下，让潜在意识的活动更加敏锐与活跃。

冥想可以让我们的左脑平静下来，让意识倾听右脑的声音，这样我们的脑波会自然的转成 α 波。当脑波呈现为 α 脑波时，想象力、创造力与灵感便会源源不断的涌出，对事物的判断力、理解力也会大幅提升，同时身心会呈现安定、愉快、心旷神怡的状态。

冥想原本是宗教活动中的一种修心行为，但现在已经被广泛运用在许多方面。因为超导体而获得诺贝尔物理学奖的英国人布莱恩·佐瑟夫训逊，也经常借由冥想来获取灵感，他曾说过："以冥想开启直觉，可获得发明的启示。"

冥想的方法有很多，不胜枚举。有坐禅的冥想，也有站立姿势的冥想，甚或舞蹈式的冥想。还有，祈祷也是冥想，读经或念诵题目也是冥想的一种。凡是可以达到"无心"，也就是能够停止左脑意识的活动,任何一种都可以称为冥想法。《脑内革命》作者春山茂雄认为,看一部自己喜欢的电影、听听最喜欢的音乐或是畅想一下美好的未来,都可以算是冥想的方式。不同的人可以根据自己的情况,选择适合自己的冥想方式。

深呼吸

深呼吸这个词,是从西方传来的。其实这方面的行家本来是东方人。在中国的传统术语里,叫"调息"。

深呼吸即腹式呼吸。从运动的角度讲,就是吸气时鼓起肚子,呼气时充分将腹部排空;从气功的角度讲,在运气作深呼吸时,首先要尽量放松全身的肌肉,平心静气地呼吸,然后再伸屈双手,尽放肺腑深深地用鼻吸气,直至不能再吸入空气为止。再将吸入的空气运降至丹田,闭气调息约数秒钟,才由丹田处运作,经肺脏、气管、喉头吐放出来。在吸入空气又将之运降丹田气海时,闭气调息的时间初时约为3~4秒,日后则慢慢练习增加至8秒左右。

做深呼吸运动,注意切忌不要形成"憋气"。所谓"憋气"指呼吸及调息的时间过长,伤害了呼吸器官及其他神经系统。呼吸吐纳法分为鼻入鼻出、鼻入口出、口入口出、口入鼻出等多种。

深呼吸是自我放松的最好方法,它包括从简单的深呼吸、瑜伽,一直到冥想的一切活动。深呼吸不仅能促进人体与外界的氧气交换,还能使人心跳减缓、血压降低。它能转移人在压抑环境中的注意力,并提高自我意识。当人们知道自己能够通过深呼吸来保持镇静时，就能够重新控制情感，缓解焦虑情绪。

出现严重压力时，人们可以采用深呼吸的方式，这是专家们对那些尝试克服恐惧（最大压力）者的一条建议。

深呼吸运动可以站着或坐着时有意识地做，也可以在做其他运动时配合着一起做。例如，有的人是在每天做下蹲运动时配合在一起做深呼吸运动的。

以下是如何深呼吸的技巧：

（1）坐在一个没有扶手的椅子上，两脚平放，并使大腿与地板平行。将背部伸直，手放在大腿前部。

（2）用鼻子进行自然的深呼吸，腹部扩张，想象着空气充满了腹部。

（3）在连续的呼吸中，完全扩张胸部和肺部，感觉胸部正缓慢上升。想象空气正在腹部和胸部间向各个方向扩张。

（4）通过鼻子缓慢地呼气。呼出时间比吸入时间长。

（5）呼吸至少1分钟，保持节奏舒缓，不要强求自己。注意呼吸的深度和完全程度，并使身体放松。

还有一种方法是逆向呼吸法：先停止背部，放松手臂肌肉，松弛下来。然后慢慢从鼻孔吸气，同时让腹部凹下去。吸气之后，短暂停止呼吸，然后再慢慢地从鼻孔吐气，同时让下腹凸起。

上述方法重复3~5分钟，每天多做几次，这样就能够放松身心。做的时候注意，吐气的时间和吸气的时间大约是2：1。如果能够达到1分钟呼吸3次，就相当不错了。

运用腹部进行深呼吸，肺就能够完全被使用。腹部呼吸能够让体内充分获取氧气，从而使细胞活性增强。腹部深呼吸可以使脑波维持在 α 波状态下，从而进入右脑状态。维持这种呼吸，可以更有效地促进右脑开发。

心像训练

右脑是"图像脑"，它是以图像来进行信息处理的，所以将外界信息转化成图像是进入右脑状态的关键一步。尼古拉·特斯拉是与爱迪生齐名的发明家，因为发明了交流发电机而为人们所熟知。特斯拉很小的时候，在脑海中产生心像的能力就非常发达。当他考虑什么的时候，眼前就会闪动亮光，随之心像便出现在脑海。这种能力在特斯拉一生中从未消失过。他说，在进行发明创造时，往往是连草图还没画、实验还未做的时候，自己的脑海中就已经能清清楚楚地看见所要发明产品的形状。这种产生心像的能力，是右脑的基本能力。这里简要介绍心像训练的基本方法。

坐在椅子上，慢慢地放松全身，接着闭上眼睛，两手放在腹部位置，进行深呼吸，在深呼吸的过程中体会呼入的新鲜空气在体内循环的过程以及呼出的浊气从体内出来的过程。反复数次，直到一切感觉都不存在了，身体好像在空中飘浮，精神松弛、心情舒畅。继续闭着眼睛，通过意识凝视自己的鼻尖。想象眼前浮现出小小的发光的圆点，当你感觉到哪怕一丁点的发光点时，说明你已经完成了自我集中的第一步。

在感觉到一丁点的光点之后，想象这个光点不断变大，越来越亮，越来越接近自己的眼睛，形成一个发光的球体。当你可以看到这个发光的球体以后，说明你已经完成了第二步。继续凝视这个发光的球体，于是球体逐渐放大并充满你的大脑。不久，它从头脑中溢出，扩展到你的体内，再从体内溢出，使你的全身完全笼罩在光环之中。这时你会体会到无比充实的感觉，处于深层次朦胧状态。

　　继续保持这种深层次的朦胧状态，笼罩你的光亮又逐渐汇集起来，收缩到头脑中，在头脑中沉静下来，变成很小的圆点。随着圆点的不断变小，亮度在不断地增加，闪动着耀眼的光芒。圆点继续变小，但是亮度却不断增加，直到最后变成一颗很小很小的星星，不久就完全消失了。

　　亮光消失以后，眼前一片漆黑。在黑色的环境中，你能看到红色的光，不久看到紫色的窗户，打开那扇窗户，仿佛进入了另外一个是世界。凝神这个世界，即使什么映像都没有也不用担心，那是因为映像太多的缘故。色彩想象太多，只能看到漆黑一片。当你习惯了这种方法以后，映像中的风景、人物将会一一分开，成为一幅幅画面。

　　最后，从朦胧状态中逐渐恢复过来，恢复到原来的意识。清醒后你会觉得神清气爽。

　　这种练习方法每次可以坚持半个小时，可每天重复不断地练习。

凡事都往好的地方想

当我们遇到困苦挫折时，要善于运用积极性的思维，从不利因素中看出有利因素来。研究发现，快乐和积极的思维可以促进大脑产生一种荷尔蒙，也就是常说的"脑内吗啡"。积极思维有利于大脑分泌更多的脑内吗啡，有利于大脑产生促进身心健康的 α 波。人的心情处于愉快状态时，同样使大脑产生 α 波，此时大脑更多的处于右脑状态。

一切思考应导向对自己有利的方面，也就是遇事往好的方面去考虑。做到凡事多从正面理解，在不利的事情中看到有利因素，改变认知角度，调整比较对象，破除思维定式，培养正面的、积极的、良好的情绪，消除负面的、消极的、恶劣的情绪，也就是"常想好的一二，少思烦的八九"，从而构成自己的心理优势，及时平复心灵创伤，快乐地工作和生活。

钱包丢了，你可能会想："真倒霉，不仅损失了几百元钱，连所有的证件都丢了。"那就不如想："破财免灾""否极泰来"，以后说不定会好事连连。杯子被打碎了，与其想"真可惜，这个盘子跟另外一个刚好是情侣盘杯，很珍贵的"，不如想"岁岁平安"。面对半瓶子酒，与其想"多么不幸呀，我怎么才有半瓶子酒"，不如想"太好了，我有了半瓶子酒"。

1914 年 12 月的一个夜晚，爱迪生的实验工厂遭遇了火灾，价值百万美金的仪器和资料毁于一旦。然而，爱迪生却乐观地说："我们所有的错误也葬身于火海，这岂不是坏事中的好事吗？现在我们是一张白纸，可以随意画画了。"

一个学生期末考试倒数第一，他可以对自己说："太好了！后面已无追兵，自己从此以后可以不必顾虑面子，可以放开手脚大干一场了。"自行车被偷了，你可以对自己说："没关系，不就是一辆自行车嘛，又不是宝马，只要人还在，其他都无所谓。"失恋了又怎么样？天涯何处无芳草！